彝族绿色农房方案图集

成 斌 刘 冲 著

中国建筑工业出版社

图书在版编目（CIP）数据

彝族绿色农房方案图集/成斌，刘冲著. —北京：中国建筑工业出版社，2018.7

ISBN 978-7-112-22381-7

Ⅰ.①彝… Ⅱ.①成… ②刘… Ⅲ.①彝族-农业建筑-中国-图集 Ⅳ.①TU26-64

中国版本图书馆 CIP 数据核字（2018）第 127080 号

本方案图集选取 39 个民居方案，每个方案内容表达完整、标注尺寸，可对广大彝族农民建设新家园起到深入浅出的实践指导作用，也可为其他地区新农村建设提供基本的户型参考。

责任编辑：石枫华　李　杰　葛又畅
责任校对：芦欣甜

彝族绿色农房方案图集

成　斌　刘　冲　著

*

中国建筑工业出版社出版、发行（北京海淀三里河路 9 号）

各地新华书店、建筑书店经销

霸州市顺浩图文科技发展有限公司制版

天津图文方嘉印刷有限公司印刷

*

开本：880×1230 毫米　横 1/16　印张：11¼　字数：405 千字

2018 年 7 月第一版　　2018 年 7 月第一次印刷

定价：**58.00** 元

ISBN 978-7-112-22381-7

（32261）

前　言

乡土建筑蕴藏着一个地域丰富的人文历史信息，是人类宝贵的物质和精神财富，是一个国家、地区和民族建筑文化的基础和本源，同时它与人们的日常生活也是密切相关的，传统民居从外部造型到内部装饰，不仅能体现出一个民族的文化精神、宗教信仰和审美观，更能体现出当地特有的生活习俗、生产需要和社会行为准则等生活的各个层面，具有多元价值。迄今，全国在地方政府与规划、建设等管理部门的共同努力下，美丽乡村建设已取得显著成效，形成一批在当地乃至全国都具有良好知名度的典范。这些典范村庄环境整治，既在一定程度上较好地体现了地方特色，在生态环境改善、产业转型升级、促进农民增收方面也起到积极示范作用。但是，在取得辉煌成绩的同时，我国各地新农村建设也面临诸多困境。当前农村规划与住宅建设和发展机制还不健全，在经济迅速发展的情况下，急需科学的规划与设计理论体系指导和切实可行的技术措施支撑。首先，农村住宅设计经常盲目照搬城市类型的住宅平面与风格，很少根据农民自身的生活、生产需求和行为要求出发，这就亟待展开专项调查、设计与研发。其次，现有农村住宅多为农民自建，用材因地制宜，因陋就简，平面布局不合理，常导致农村住宅性能差，建筑空间品质不高，建筑风貌也考虑较少，特色彰显不足。最后，在美丽乡村建设过程中，农民无意参与农村整体环境的营造，住宅布局分散，院落空旷，土地利用率低下，无法保障农村可持续健康发展。针对上述农村住宅建设所出现的具体问题，应充分考虑农民特定的生产与生活方式，将节约土地与创造优美的生产和生活空间、良好的生态环境结合起来，打造一种新型的具有地方特色、能够凝聚"乡愁"的农村住宅模式，实现健康、和谐、节地、节能、可持续的人居环境目标。

为顺利开展美丽乡村建设，满足广大彝族农民的生活、生产需求，同时也为更好指导凉山彝族地区的乡村农房和乡土建筑发展，打造具有凉山地方特色的彝族新民居，提升彝族地区建筑文化的品位，在四川省科技厅项目"四川大凉山彝区绿色农房营建技术培训"（项目编号：2017KZ0072）的资助下，西南科技大学美丽乡村建设科研团队，通过对村民新建住房面积、意愿、屋顶形式、风格、材料等问题进行了问卷调查和实地调查，考虑到彝族地区地理气候、风俗文化、地域特色、居住习惯及生产生活需要，提炼出当地的传统建筑中的元素，体现出地域性、时代性，研发出《彝族绿色农房方案图集》。本方案图集以文化发展和生态文明的视角，对凉山地区乡土建筑的营建智慧进行了梳理，从总平面布局、平面组合、造型、细部、装修、构配件等方面着手进行了整理。本图集根据农业产业聚居模式，将图集分为两个篇章，第一篇章主要阐述发展绿色农房的技术要点与要求，主要阐述新时代农房建设的基本要求以及彝族绿色农房的内涵；第二篇章根据散居和聚居两种农房模式，分别设计适合农牧业、果林业、粮农业以及务工等业态的农房方案；在聚居模式下，根据用地条件和使用方式，分别设置联排、叠拼、转角和民宿几种类型，每个方案要求提供平面图、立面图、剖面图和效果图，指导乡村居民根据需要选中合适方案，确保科学住房、经济住房、安全住房和建特色房，提高彝族乡村居民的生活质量，改善居住环境，努力营造具有浓郁彝族特色的凉山彝族自治州乡村建筑风貌。

本方案图集选取 39 个民居方案，每个方案内容表达完整、标注尺寸，可对广大彝族农民建设新家园起到深入浅出的实践指导作用，也可为规划建设管理者、专业设计人员和学生提供一套新颖实用的参考资料。

成　斌

2018 年 4 月 6 日

目　　录

第一篇　设计说明

设计说明　　　　　/ 1

第二篇　效果展示

方案 01　　　　/ 7

方案 02　　　　/ 8

方案 03　　　　/ 9

方案 04　　　　/ 10

方案 05　　　　/ 11

方案 06　　　　/ 12

方案 07　　　　/ 13

方案 08　　　　/ 14

方案 10　　　　/ 15

方案 12　　　　/ 16

方案 13　　　　/ 17

方案 14　　　　/ 18

方案 15　　　　/ 19

方案 16　　　　/ 20

方案 17　　　　/ 21

方案 21　　　　/ 22

方案 22　　　　/ 23

方案 24　　　　/ 24

方案 25　　　　/ 25

方案 26　　　　/ 26

方案 27　　　　/ 27

方案 28　　　　/ 28

方案 29　　　　/ 29

方案 30　　　　/ 30

方案 31　　　　/ 31

方案 32　　　　/ 32

方案 33　　　　/ 33

方案 34　　　　/ 34

方案 35　　　　/ 35

方案 36　　　　/ 36

方案 37　　　　/ 37

方案 39　　　　/ 38

第三篇　户型设计

第一节　散居型　/ 40

方案 01　　　　/ 41

方案 02　　　　/ 44

方案 03　　　　/ 47

方案 04　　　　/ 51

方案 05　　　　/ 54

方案 06　　　　/ 57

方案 07　　　　/ 60

方案 08　　　　/ 63

方案 09　　　　/ 67

方案 10　　　　/ 69

方案 11　　　　/ 72

方案 12　　　　/ 79

方案 13　　　　/ 83

方案 14　　　　/ 86

方案 15　　　　/ 89

方案 16　　　　/ 93

方案 17　　　　/ 96

方案 18　　　　/ 99

方案 19　　　　/ 102

方案 20　　　　/ 105

方案 21　　　　/ 109

方案 22　　　　/ 113

方案 23　　　　/ 116

方案 24　　　　/ 119

方案 25　　　　/ 122

方案 26　　　　/ 125

方案 27　　　　　　　/　128

第二节　聚居型　/　131

方案 28　　　　　　　/　132

方案 29　　　　　　　/　136

方案 30　　　　　　　/　139

方案 31　　　　　　　/　143

方案 32　　　　　　　/　148

方案 33　　　　　　　/　151

方案 34　　　　　　　/　154

方案 35　　　　　　　/　156

方案 36　　　　　　　/　159

方案 37　　　　　　　/　162

方案 38　　　　　　　/　165

方案 39　　　　　　　/　168

作者简介

作者简介

第一篇

设计说明

第一篇　设　计　说　明

一、图集研发的基本目的

1. 贯彻落实 2016 年中央一号文件"开展农村人居环境整治行动和美丽宜居乡村建设"和《十三五规划纲要》"加大传统村落和民居、民族特色村镇保护力度，传承乡村文明，建设田园牧歌、秀山丽水、和谐幸福的美丽宜居乡村"的精神，提高凉山彝族自治州乡村居民的生活质量，改善居住环境。

2. 指导彝族地区乡村居民根据需要选用合适的方案，按规定进行规划报建、确保科学建房、经济建房、安全建房、建特色房，努力建设具有浓郁彝族特色的乡村建筑风貌。

3. 大力推广地域绿色建筑技术、加大节能节地节水节材的宣传，充分利用彝族地区太阳能、风能以及石材、木材等地方材料，采用耐震的结构形式和平面布局，提高房屋的安全性和耐久性，提高室内环境的舒适度。

二、方案设计原则

1. 促进彝族民居的升级换代、功能更新、环境提升的原则

为凉山州各级政府部门加快加大彝族传统村落好民居，民族特色乡村保护力度，传承乡村文明提供借鉴和参考。

2. 传承彝族建筑文化的原则

为凉山州各彝族乡镇新农村建设提供技术支持，为传统彝族民居更新提供引导和帮助，为村风村貌建设提供参考方案。

3. 发展生产、促进增收原则

结合农业产业结构的调整，延伸其产业链，形成一、三产业联动，增加收入渠道、促进农民增收；对产业、新村聚集点，设置旅游民宿，活跃乡村旅游。

4. 保护环境、节约资源原则

保护自然资源，特别是在农村产业调整时，应注重对现状森林植被、耕地、山体形态的保护，道路等基础设施和新村建设时应依山就势，结合地形，尽可能减少对地形地貌的改造，充分利用本土植被和材料，变废为宝，节约资源。

三、方案设计依据

1. 住房城乡建设部、工业和信息化部《关于开展绿色农房建设的通知》（建村〔2013〕190 号）；

2. 住房城乡建设部《关于做好 2013 年全国村庄规划试点工作的通知》（建村函〔2013〕35 号）；

3. 四川省人民政府《关于做好村庄规划加强农民建房和宅基地管理促进新农村建设的意见》；

4. 中共四川省委办公厅、四川省人民政府办公厅《关于在新农村建设成片推进中突出抓好新村建设的意见》（川委办〔2010〕22 号）；

5. 《四川省新村（聚居点）建设规划编制办法》；

6. 农业部办公厅也于 2013 年初发布了关于开展"美丽乡村"创建活动的意见（农办科〔2013〕10 号）。

四、方案设计的思路

1. 功能的实用性

农房空间需求紧贴现代农村和现代农业的生产生活实际需要，合理布置农机、农具、农业加工业等需要的空间，同时按照现代家居业的常规尺度设置房间大小，满足独立卫浴空间需求以及三代居的潜在空间延性，合理进行空间组合设计。

2. 空间的多样性

提供多种用地类型、多种用地形状、多种出口形式以及多种建筑风格，让居民结合当地情况，进行多方面选择。

3. 文化的传承性

彝族民居风格特点鲜明，提取借鉴传统彝族建筑中的精华，如气候适应性、空间形态、材料色彩、装饰符号，结合现代的生活方式，运用现代技术，呈现出具有彝族风貌的地域性建筑。

4. 技术的绿色性

农房要满足抗震设防要求，紧凑布局并降低体型系数，节地节材节水节能，采用地方建筑材料与适应气候的构造做法，充分利用凉山州太阳能资源丰富特点，融合太阳能综合利用技术实现绿色能源的科学利用。

五、方案设计的技术要点

1. 农房的建设规划

（1）合理选址与科学布局

绿色农房建设选址应处于安全地带，应避开地质复杂、地基承载力差、地势低洼的地区和可能受风灾、洪水、滑坡、泥石流和雷电侵袭等自然灾害影响的地段；选址和住区出入口的设置方便居民充分利用公共交通网络。绿色农房功能分区应实现人畜分离，畜禽栅圈不应设在居住功能空间的上风向位置和院落出入口位置。建筑宜坐北朝南，可适当偏东或偏西布置，使住宅获得良好的日照、通风和采光。

（2）合理集聚，适度规模

农房规划布局时，应结合彝族"家支文化"和农村新型城镇化的要求，适当小规模聚居，提升公共服务设施的服务效率，聚居模式可以采用"沿等高线布置"、"背山沿河布置"、"沿街布置"、"院落组团布置"几种方式。新民居还可以探索新的聚居模式，例如联排、叠拼、集合住宅，单元式等聚居形式，以应对新型城镇化的需要。

（3）因地制宜的院落空间

当代凉山彝族地区的农房，要适应现代生活的需要，当代农业已经加入了半机械化的生产方式，即使居住城镇化了，但是生产没有和居住完全分离，也就是说农房中必然包含生产空间，这个生产空间不仅仅指传统意义上的养殖空间（猪圈和鸡舍等家庭养殖业，特别是乡村型），也包括鲜货农产品的存放空间、加工空间（例如水果的初级包装），还要包括存放农具的空间，兼顾车辆入户，因此院落入口的宽度建议大于2.8米，院落进深不小于6.0米，便于农用车、家庭轿车等机动车进院落。住宅建筑前后间距与前建筑高度比一般不低于1∶1，旧区改造可酌情降低，但不应低于0.8∶1。

（4）注重卫生和环境健康

绿色农房建设应尽量保持原有地形地貌，减少高填、深挖，不占用当地林地及植被，保护地表水体。山区农房宜充分利用地形起伏，采取灵活布局，形成错落有致的山地村庄景观。滨水农房宜充分利用河流、坑塘、水渠等水面，沿岸线布局，形成独特的滨水村庄景观。

2. 农房居住空间与农村产业发展模式的契合

从狭义的农业扩大到广义的农业，当代农房建筑不仅仅是居住，更多兼具了广泛的生产功能，新农房以自然生态条件为主，综合考虑产业发展现状，地理位置以及地域长期形成的优势农业，通过户型功能空间的组合设计来契合农村产业发展模式。

（1）针对现代农业和农业产业模式，分类进行研究和设计

一般来说常见的产业模式有农牧型、果林型、粮农型、务工型以及其他形态，例如花卉果蔬的观光农业以及非物质文化的文化和旅游工艺品产业。在聚居的模式上，除了单家独户的院落式，还有联排式、叠拼式、单元式以及民宿型等形态，通过聚居，提高乡村的城镇化率，从而节约道路、管网等市政设施的投入。

（2）结合地形与环境，进行农房的多方案设计

现代农房应结合农村"村村通"工程，至少考虑农用三轮车或者摩托车的通行，因此院落布置时候，应满足三轮车、摩托车回车的空间需求，有计划地区别不同类型民居的空间结构的差异，根据宅基地尺寸，我们设计了10米以下，10～15米以及大于15米的几种类型的方案；在适应地形方面，我们选择了前进式，侧进式等入口形式，以顺应宅基地的实际情况。

（3）结合乡村旅游，进行农房的新业态适应

现代农村，融入了新的业态，例如花卉观光园，农业生态园，农家乐，彝族节日体验游以及乡村民宿等，农房的发展也要适应现代农业基础上的新业态。本次方案中也设计了彝族农家乐的户型设计，期望对彝族建筑文化的发展做出有益的探索。

3. 平面设计与功能空间构成

（1）创新农村现代生活，满足农房空间需求

绿色农房一层宜具备厅堂、餐厅、厨房、卫生间、楼梯间、老人房、库房等功能空间，二层宜设置家庭厅、主卧、次卧、主卧卫生间、公用卫生间等，还宜有1个大进深的休闲阳台；三层宜设有卧室、存储房或活动室、卫生间及1个面积为宅基地面积1/4～1/3左右的露台。彝族传统火塘文化仍然需求旺盛，因此在客厅设计时候，应适当提高厅堂的面积，留出神龛等宗教空间的位置，延续民族居住文化。

（2）强化彝族"家支"文化，注重三代居的空间需要

彝族"家支"文化，强调族系和亲情，根据第六次人口普查结果，凉山彝族农村户均人口3.72人，家庭小孩一般2～4个，因此应考虑三代居多卧室的现实需求，户型设计时设置的卧室数量一般不少于4个。

（3）竖向发展空间，节约土地面积

凉山彝族地处攀西高原，山地是主要地形条件，建筑进深一般控制在9～12米，大进深住宅尽量少用，仅仅适用河谷地区。传统彝族民居多为小进深建筑，由于建筑面宽过大（大多3～4个开间），导致民居建筑不节能和抗震性能较差。因此新民居应兼顾节地的需求，开间以2～3个为宜。吸纳传统民居的空间组织方式，一般通过一榀框架内的内阁楼设置分层，上层卧室，下层储藏或厨房，新民居充分利用楼梯下的空间、坡屋顶阁楼空间，结合地形，形成错层，半跃

层空间形式。

（4）兼顾气候特点，南向布置卧室

凉山彝族大部分生活在高山地区，气候寒冷，传统民居采用南向单面采光，北墙一般不开窗，住房北墙一侧安置附属空间，形成热工阻尼区，如将卫生间、厨房、储物间放置在北墙面的拐角，该处相对散热面较多，作为使用频率不高的附属空间，对室外热环境起到缓冲作用，因此要借鉴传统民居做法，将主要卧室和客厅等空间布置在南向，附属用房和偶尔居住的客房布置在北向。

（5）注重功能的延展性，提高农房的利用价值

居住空间组织宜具有一定的灵活性，可分可合，满足不同时期家庭结构变化的居住需求，避免频繁拆改。在平面设计时，可以为空间拓展提供潜在的可能性以及户主选择的弹性，提高民房的适宜性。

4. 结构选型与构造技术

（1）体型方正，高宽适宜

彝族地区地处青藏高原隆起区域，大部分处于高烈度地震带上，甚至部分地区抗震设防烈度达到9度，应选择耐震的结构形式，例如砖混结构、框架结构、轻钢结构，传统的穿斗结构、掎架结构在单层农房中仍可用。建筑平面应该方正规整，尽量无凸出空间与凸出体量。

（2）结构选型合理，抗震措施到位

为增加房屋抗震性能，建筑尽量少采用大空间，大跨度，切忌承重墙错位、柱子错位、短柱等结构形式。空间布置时承重墙上下对齐，以砖混结构为主，兼顾采用混合建造模式，就是木梁木檩＋彩瓦等低造价的现实需求，也可以大胆采用装配式轻钢结构作为骨架，采用砖砌体作为维护结构的建造体系。

（3）耐震的构造与装饰

在构造上，应吸收传统民居中一些优秀做法，例如扒钉、斜撑、砌体采用拉结筋、过江石、顺丁组砌等方式等。建筑门窗洞口上下层对齐，门窗开口位置一致，承重墙上下对齐、保持窗间墙足够长度以及增加圈梁、斜撑等抗震构件。建筑造型构件采用装饰性构件，例如吊瓜、掎架、斗拱等，可以采用预埋扁铁、螺栓等现代材料通过焊接连接或者螺栓拉结，铆接等。

（4）防雨防风

凉山彝族聚居区，地处喜马拉雅山南簏，风力较大，降雨量也比较丰富，为加强防雨构造和防风构造，农房宜采用深出檐和加封檐板、博风板的构造措施，既防雨又遮阳；设置建筑外廊和雨水明沟等，加强排水与防涝。

5. 绿色技术

（1）广泛采用被动式节能技术

凉山州地处攀西高原，大多彝族居住在高山地区，冬季寒冷，农房建筑体形和平立面应相对规整，降低体型系数；卧室、客厅等主要用房布置在南面，厨房、卫生间等辅助房间布置在北面；充分利用出檐等传统遮阳技术、提高冬季日照，做好冬季防风等。高寒山区的彝族农房出入口宜采用门斗、双层门、保温门帘等保温措施，设置朝南外廊时宜封闭形成阳光房，采用附有保温层的外墙或自保温外墙，屋面和地面设置保温层。

（2）充分利用太阳能等再生能源

凉山地区太阳能非常丰富，因地制宜通过建造被动式太阳房、太阳能热水系统和太阳能供热采暖系统充分利用太阳能。可通过特朗伯墙（太阳房，南向开大窗）的利用，屋顶采用太阳能板，坡屋顶利用凸起空间放置（或者在楼梯间放置）水箱，实现热水、冬季太阳能地板采暖等，力争实现太阳能光热与建筑一体化——"被动式太阳房"。按照结构的不同，被动式太阳房主要分为三类：直接受益式、附加阳光间式、集热墙式。被动太阳能供暖南向开窗面积当采用直接受益式时，窗墙比大于50%，外墙传热系数限值小于2.5W/(m²·K)；当采用附加式阳光间时，窗墙比大于60%，外窗的传热系数限值小于4.7W/(m²·K)；应组织好阳光间内热空气与室内的循环，阳光间与供暖房间之间的公共墙上的开孔率宜大于20%，并设置启闭开关。阳光间进深不宜大于1.5米。

（3）采用中空玻璃等节能门窗，提高门窗的密闭性能

彝族传统木窗应作为装饰盲窗以及窗套，应大力推广塑钢门窗，采用中空节能玻璃；同时兼顾民族立面，要采用传统窗套套现代窗框的做法，实现形式与功能的整合。

（4）加强地方材料与既有建材的循环利用

彝族农房应采用绿色的、经济的、乡土的建材产品，充分利用、改造现有房屋和设施，重视旧材料、旧构件的循环利用。特别是传统瓦材、梁檩结构以及地方石材。

（5）提高水资源的利用技术

彝族地区，水资源较为缺乏，可考虑雨水的收集和净化利用，合理规划地表与屋面雨水径流途径，降低地表径流，采用多种渗透措施增加雨水渗透量。农房应利用三格式化粪池等卫生设施进行初步处理，尾水可排入农田、果园、池塘等分解净化。室内用具应使用节水型马桶、节水型洁具等节水器具和设备。彝族地区乡镇，短期内很难建设污水处理厂，因此化粪池、沼气池成为环保的需要，三格化粪池用砖砌水泥砂浆粉刷壁面或混凝土现浇、预制均可，以"目"字形为主要类型，若受地形限制，"品"字形、"丁"字形摆放均可。容积达到贮粪2个月为宜。三格化粪池有效深度应不少于1米，1至3格容积比例一般

为 2：1：3。

（6）提升炊事器具能效

凉山彝族地区的农村，火塘应逐步摒弃，炉灶的燃烧室、烟囱等应改造设计成节能灶，推广使用清洁的户用生物质炉具、燃气灶具、沼气灶等，鼓励逐步使用液化石油气、天然气等能源，全面提升炊事器具能效。有供暖需求的房间推广太阳能低温辐射采暖技术。

6. 建筑风貌与立面造型

（1）彝族农房建筑体型应方正简洁

传统彝族民居由于高烈度抗震要求，形体一般比较方正简洁，受力体系明确，新民居依然要坚持方正体型，可以借鉴土碉形象，木楞房肌理，瓦板房装饰，来提高民居体型的丰富性。同时在主体房屋四周，根据地形及场地，设置单层的农具房、储物空间，提高农房的实用性、便利性。

（2）彝族农房新风貌需要大胆创新

彝族传统民居，多为一层，现代农房，增加了新的需求，一般 2~3 层，甚至 4 层，应在建筑形式、细部设计和装饰方面充分吸取地方、民族的建筑风格，采用传统构件和装饰。农房建造应传承当地的传统构造方式，并结合现代工艺及材料对其进行改良和提升。鼓励使用当地的石材、生土、竹木等乡土材料，属于传统村落和风景保护区范围的绿色农房，其形制、高度、屋顶、墙体、色彩等应与其周边传统建筑及景观风貌保持协调。

（3）彝族建筑装饰应体现民族审美

彝族建筑文化中"毕摩"、"竹节"、"搧架"、"三色彩绘""牛头拱"等是其典型形式符号，红、黄、黑三原色是主要色彩基调，以原始"太阳、月亮、星星、山峦、云彩"为主要自然纹饰，以"牛角、羊角、蛇、猪齿、花蕊、花叶、卷藤"为主要动植物纹饰，在新农房装饰设计中，可以继承和发展，实现装饰图案与色彩组合的创新。

（4）需要结合现代材料与工艺发展建筑文化

由于现代材料的冲击，彝族立面装饰传统木格彩窗逐渐消失，彝族木格子彩窗是其门窗特色，应结合彩色塑钢门窗创新门套窗套，创新民族新的装饰元素和符号；结合现代铁花工业，创新栏板栏杆造型，发展彝族建筑文化。

第二篇

效果展示

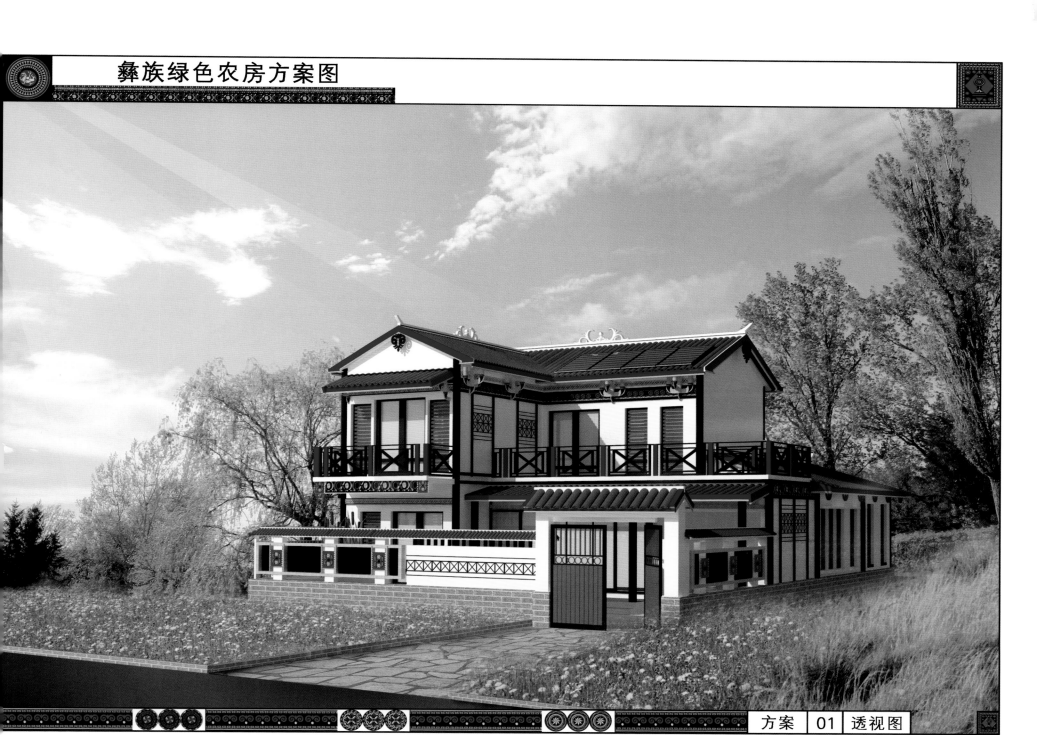

彝族绿色农房方案图

方案 04 透视图

彝族绿色农房方案图

方案 04 透视图

— 10 —

彝族绿色农房方案图

方案 12 透视图

彝族绿色农房方案图

方案 25 透视图

彝族绿色农房方案图

彝族绿色农房方案图

方案 33 透视图

— 33 —

彝族绿色农房方案图

第三篇

户型设计

第一节

散居型

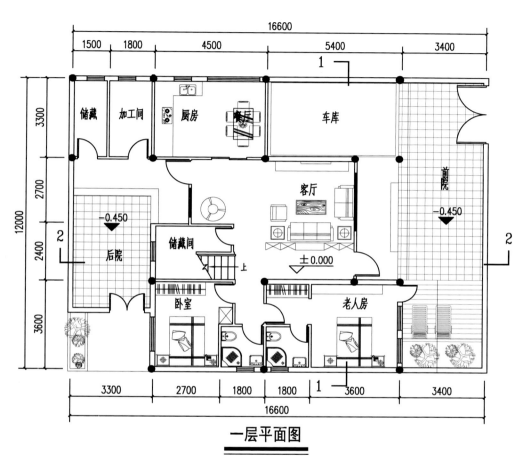

一层平面图

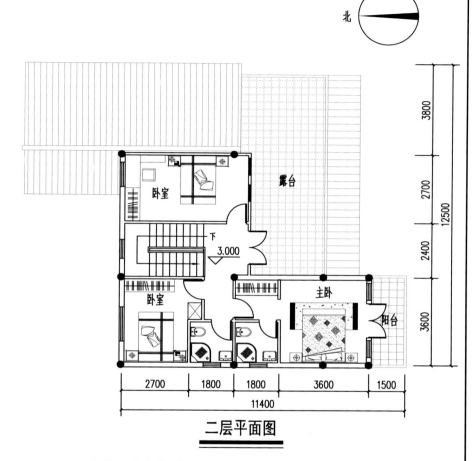

二层平面图

设计说明:

本设计适用进深10～15m用地,为散居型住宅。建筑南向设置主要出入口及车库,西向设置生产出入口。建筑为两层住宅,结构形式为框架结构,建筑居住对象主要为农林家庭,生产空间包括储藏和加工房间,通过室内楼梯组织空间,房间布局紧凑,建筑采光充足,通风良好。

技术经济指标表:

各功能空间使用面积(m²)							总建筑面积(m²)	
客厅	餐厅	厨房	卫生间	楼梯间及走道	车库及储藏间	生产用房	生产	居住
							30.32	167.88
17.4	7.2	6.1	11.2	6.90	20.5	9.82	合计:	198.2

彝族绿色农房方案图	图 名	设计说明　技术经济指标表　一层平面图　二层平面图 方案 01
	图片来源	徐益翔绘制

西立面图

北立面图

东立面图

南立面图

| | | | 图 名 | 东立面图　西立面图　南立面图　北立面图 | 方案 | 01 |
| 彝族绿色农房方案图 | | | 图片来源 | 徐益翔绘制 | | |

— 42 —

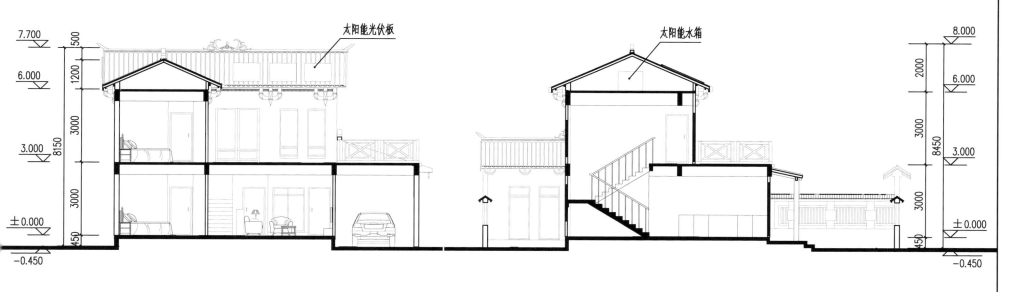

太阳能光伏板

太阳能水箱

7.700

500

6.000

1200

3000

8150

3.000

3000

±0.000

450

−0.450

8.000

2000

6.000

3000

8450

3.000

3000

±0.000

450

−0.450

1-1剖面图

2-2剖面图

彝族绿色农房方案图

图 名	1-1剖面图　2-2剖面图	方案	01
图片来源	徐益翔绘制		

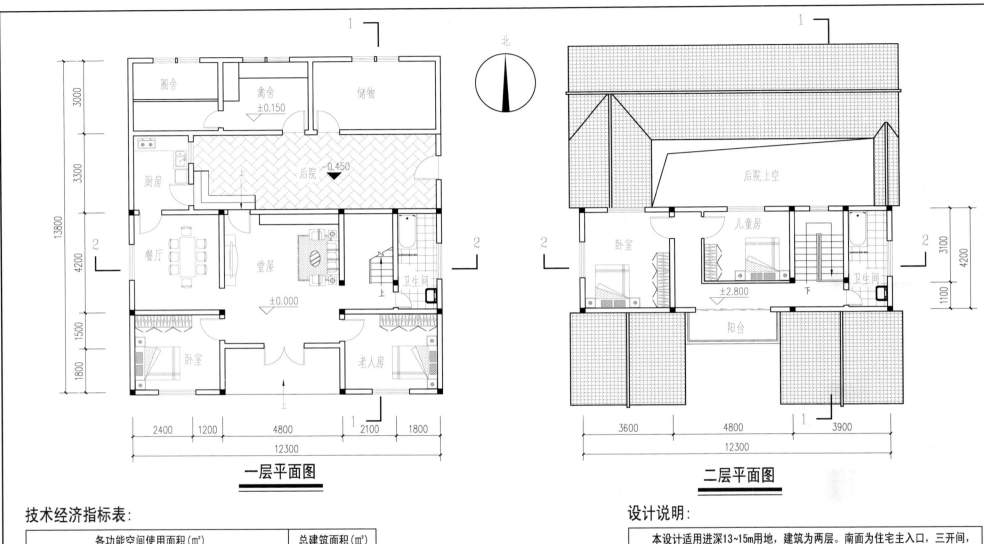

一层平面图

二层平面图

技术经济指标表：

各功能空间使用面积(m²)							总建筑面积(m²)	
起居	客厅	厨房	卫生间	楼梯间及走道	车库及储藏间	生产用房	生产 36.9	居住 151.83
20.16	20.16	7.92	14.7	33.95	15.3	21.6	合计：	188.73

设计说明：

本设计适用进深13~15m用地，建筑为两层。南面为住宅主入口，三开间，堂屋后开辟后院，便于用户进行农事活动。建筑结构形式为砖混结构，墙体对齐，受力合理。居住对象业态为农牧型,生产空间包括圈舍、禽舍。房间布局紧凑，功能分区明确，空间利用合理，建筑室内采光充足，通风良好。

彝族绿色农房方案图

图　名	设计说明　技术经济指标表　一层平面图　二层平面图	方案	02
图片来源	邱思婷绘制		

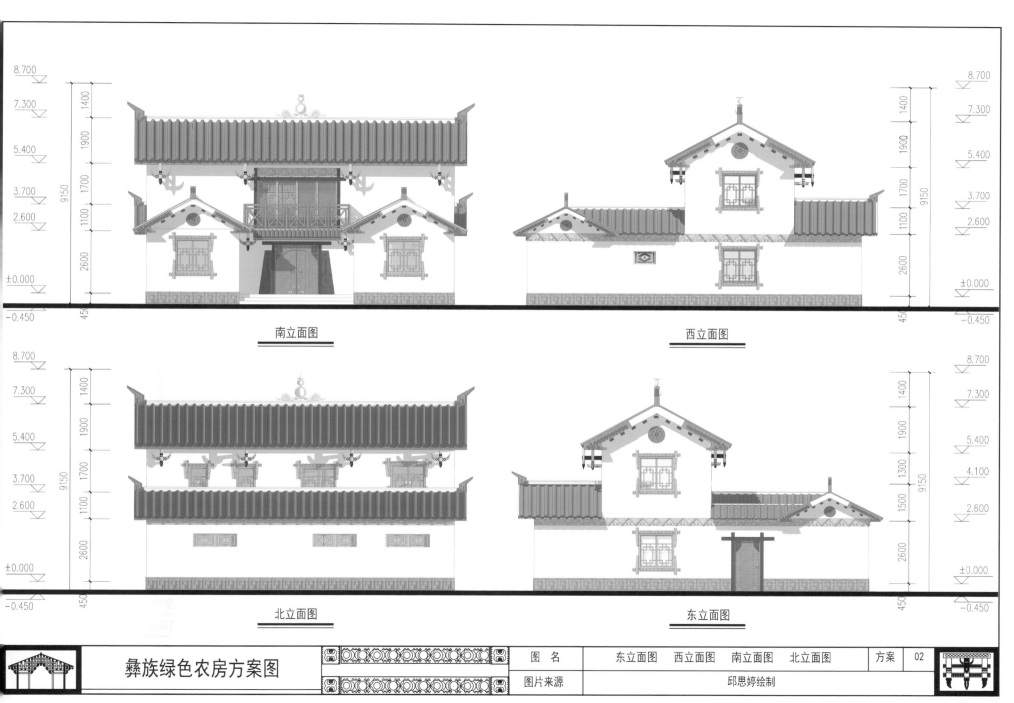

南立面图

西立面图

北立面图

东立面图

彝族绿色农房方案图	图 名	东立面图　西立面图　南立面图　北立面图　方案 02
	图片来源	邱思婷绘制

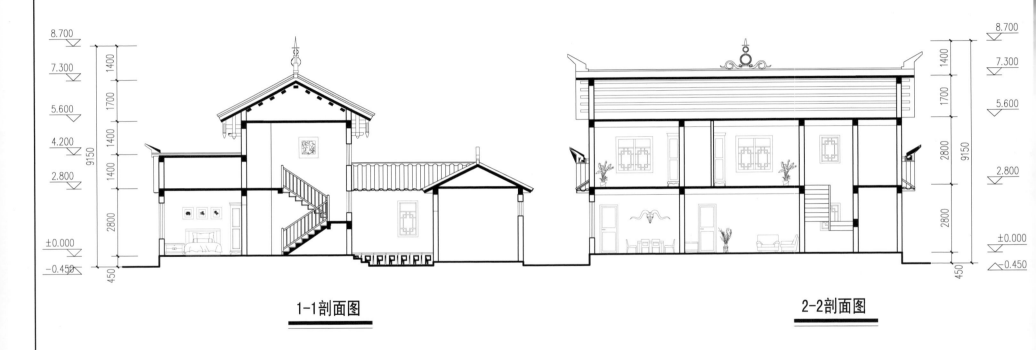

8.700

7.300

5.600

4.200

2.800

±0.000

-0.450

1400

1700

1400

1400

2800

9150

450

1-1剖面图

8.700

7.300

5.600

2.800

±0.000

-0.450

1400

1700

2800

2800

9150

450

2-2剖面图

彝族绿色农房方案图

图 名	1-1剖面图　2-2剖面图	方案	02
图片来源	邱思婷绘制		

设计说明：

本方案为凉山彝族聚居型中的独立型民宿方案，目的在于创造出供游客体验的家庭式酒店。在适当保留民族地域特征的同时加入了部分现代元素，实现了新与旧的碰撞，为到访的人们带来全新的生活体验。

技术经济指标表：

各功能空间使用面积（m²）							总建筑面积（m²）	
大堂	大床房	标准间	餐厅	楼梯间及走道	储藏间	棋牌室	管理	客房
							17.39	128.42
58.68	91.96	36.46	17.29	43.54	5.6	11.7	合计：	312.74

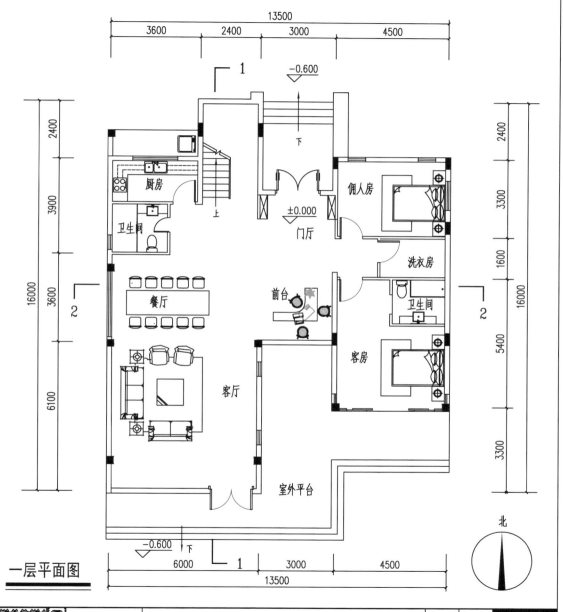

一层平面图

彝族绿色农房方案图

图　名	设计说明　技术经济指标表　一层平面图	方案	03
图片来源	罗景文绘制		

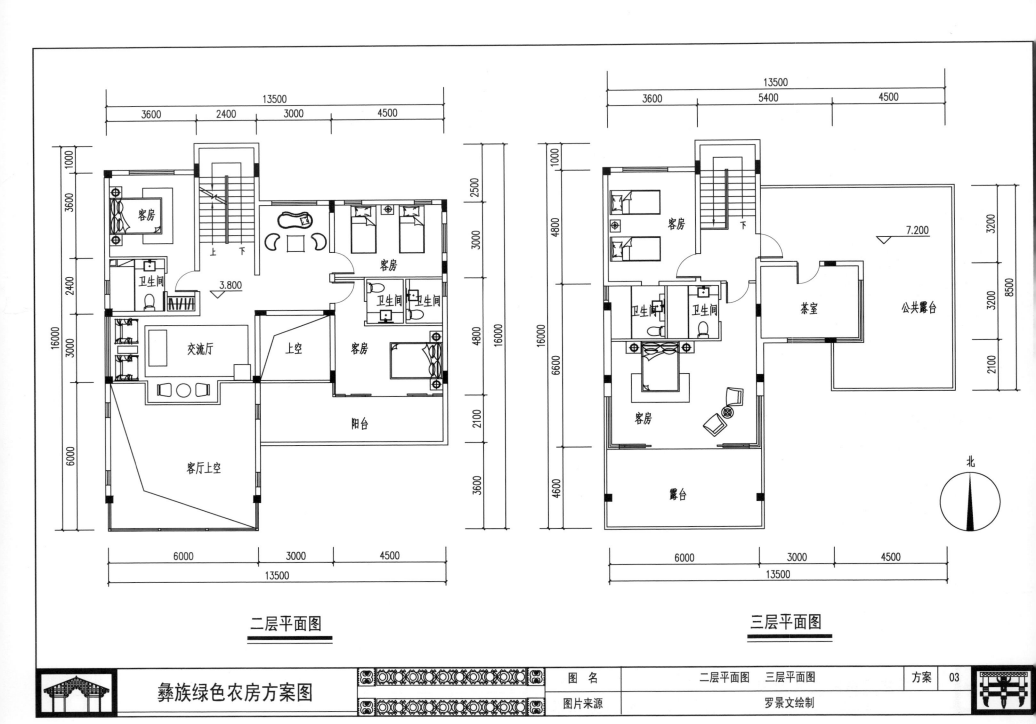

二层平面图

三层平面图

图 名	二层平面图 三层平面图	方案	03
图片来源	罗景文绘制		

彝族绿色农房方案图

二层平面图标注：
3600　2400　3000　4500
13500
1000
3600
2500
2400
3000
16000
6000
客房
卫生间
3.800
交流厅
上空
客房
客房
客厅上空
阳台
6000　3000　4500
13500

三层平面图标注：
3600　5400　4500
13500
1000
4800
6600
4600
16000
3200
3200
2100
8500
客房
卫生间　卫生间
客房
茶室
7.200
公共露台
露台
6000　3000　4500
13500
北

— 48 —

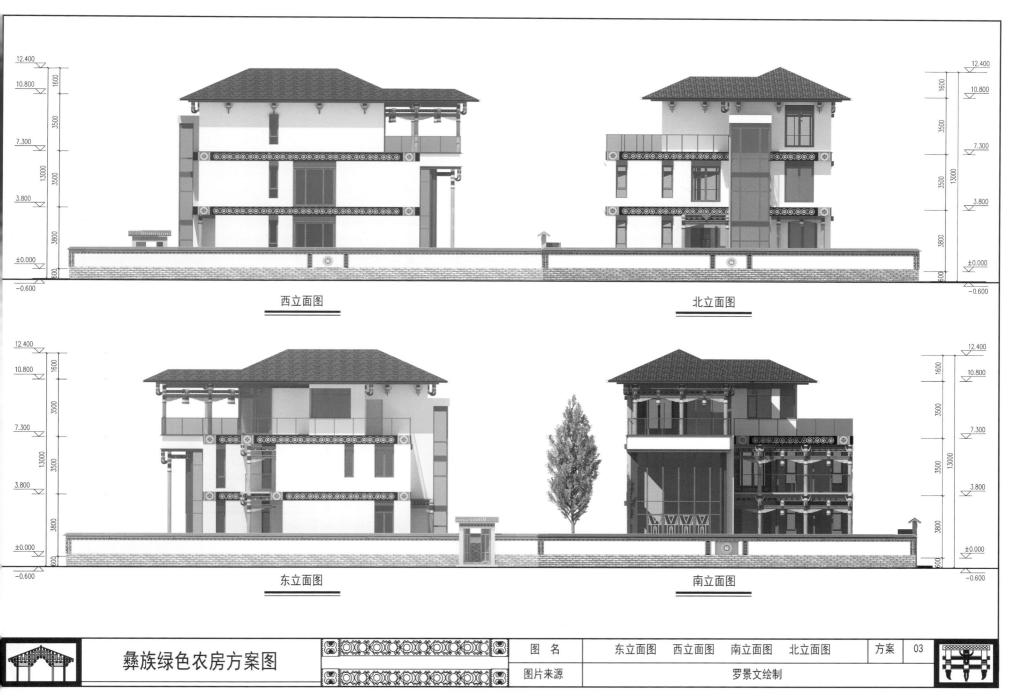

西立面图

北立面图

东立面图

南立面图

| 彝族绿色农房方案图 | 图 名 | 东立面图　西立面图　南立面图　北立面图 | 方案 | 03 |
| | 图片来源 | 罗景文绘制 | | |

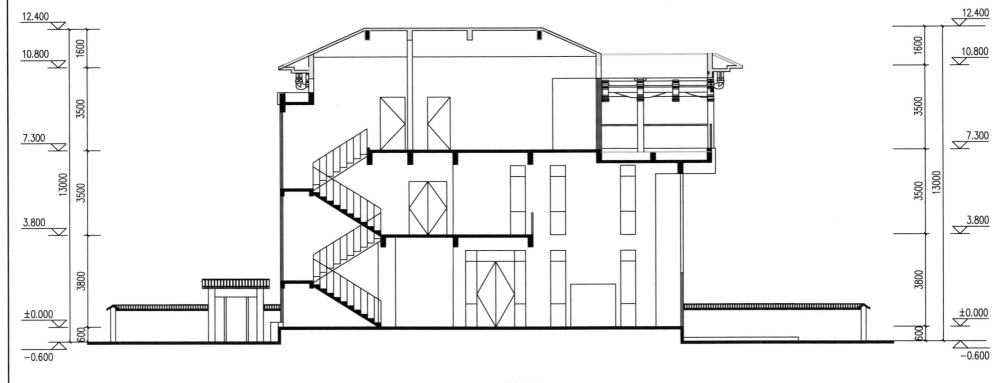

12.400

10.800

1600

3500

7.300

13000

3500

3.800

3800

±0.000

600

−0.600

12.400

1600

10.800

3500

7.300

13000

3500

3.800

3800

±0.000

600

−0.600

1-1 剖面图

彝族绿色农房方案图		图 名	1-1剖面图	方案	03
		图片来源	罗景文绘制		

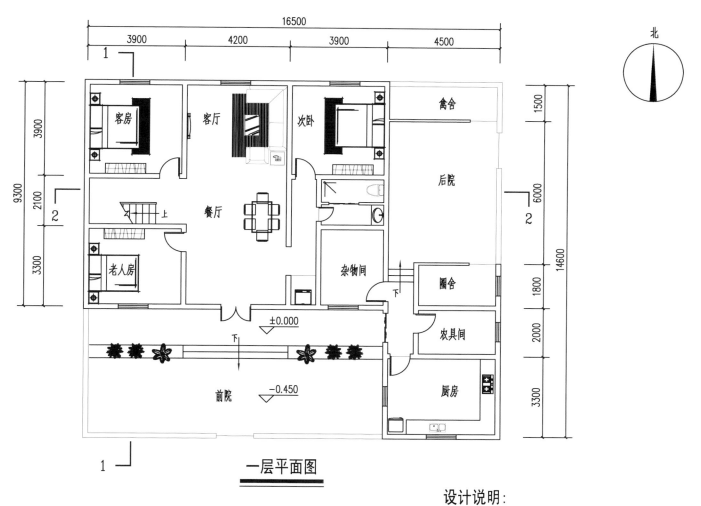

一层平面图

技术经济指标表:

各功能空间使用面积（m²）							总建筑面积（m²）	
起居	客厅	厨房	卫生间	楼梯间及走道	车库及储藏间	生产用房	生产	居住
							11.0	218.5
13.9	15.6	8.8	9.5	17.1	13.3	11.0	合计：229.5	

设计说明:

本设计适用进深不超过15m的用地，居住对象业态为散居农牧型。

建筑以砌体结构为主，上下墙体对齐，结构布置合理，屋顶采用木架结构。

建筑南面为住宅主入口，北面为农牧次入口，家庭结构为5~6人，设有6间卧室。

房间布局紧凑，空间利用合理，太阳能利用充分。

彝族绿色农房方案图

图 名	设计说明　技术经济指标表　一层平面图	方案	04
图片来源	张远雪绘制		

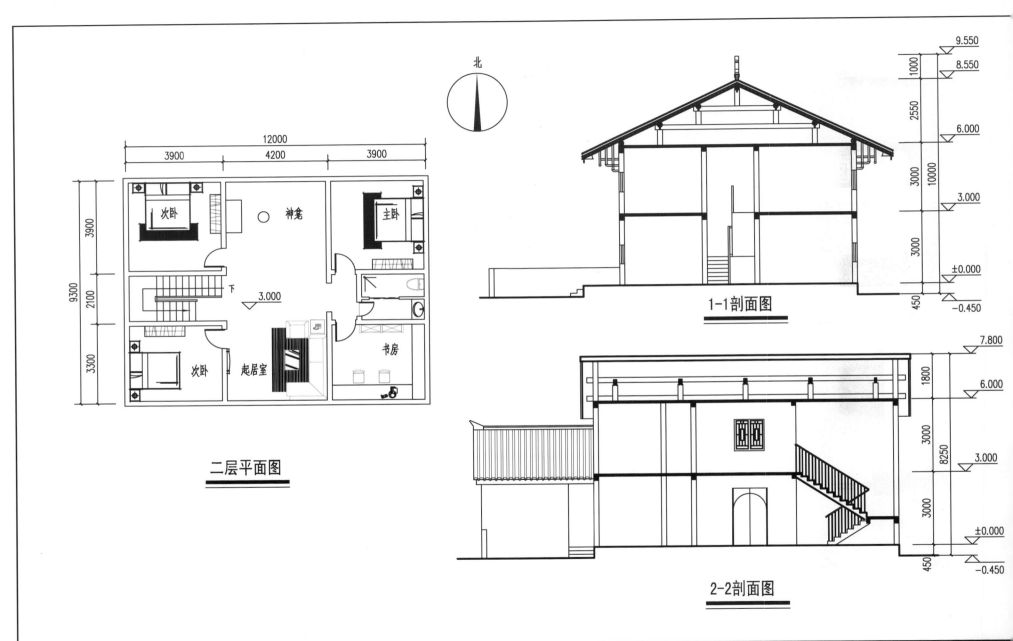

北

12000
3900　4200　3900

9300
3900
2100
3300

次卧　神龛　主卧

下　3.000

书房

次卧　起居室

二层平面图

9.550
1000
8.550
2550
6.000
3000　10000
3.000
3000
±0.000
450　−0.450

1-1剖面图

7.800
1800
6.000
3000　8250
3.000
3000
±0.000
450　−0.450

2-2剖面图

彝族绿色农房方案图

| 图　名 | 二层平面图　2-2剖面图 | 方案 | 04 |
| 图片来源 | 张远雪绘制 | | |

— 52 —

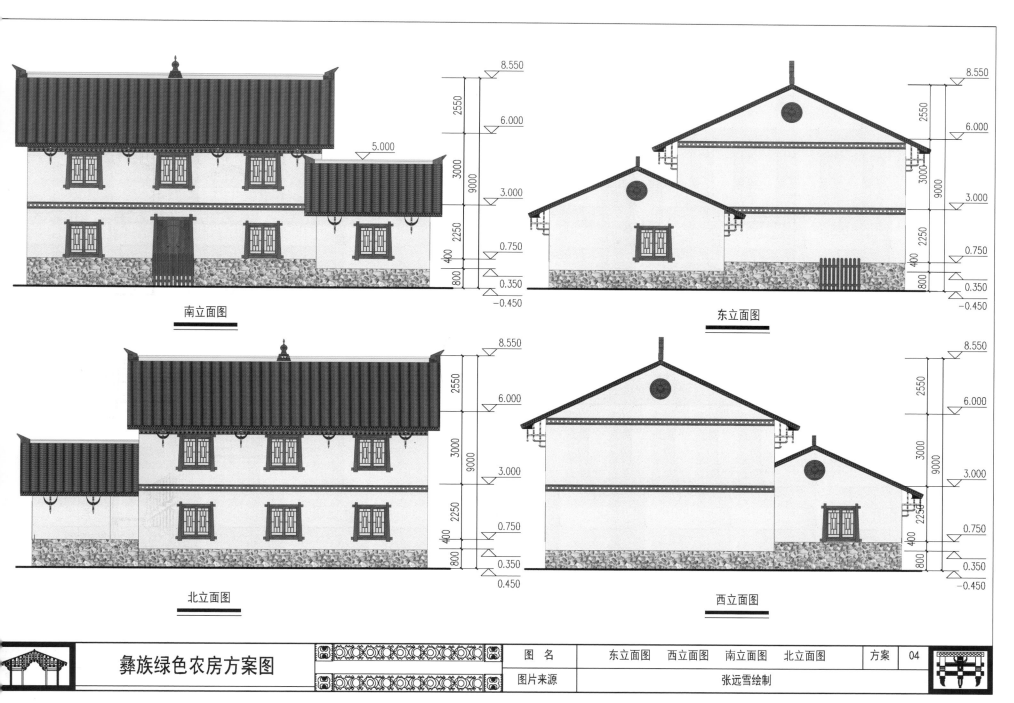

南立面图

东立面图

北立面图

西立面图

8.550
2550
6.000
5.000
3000
9000
3.000
2250
0.750
400
800
0.350
-0.450

图 名	东立面图　西立面图　南立面图　北立面图	方案	04
图片来源	张远雪绘制		

彝族绿色农房方案图

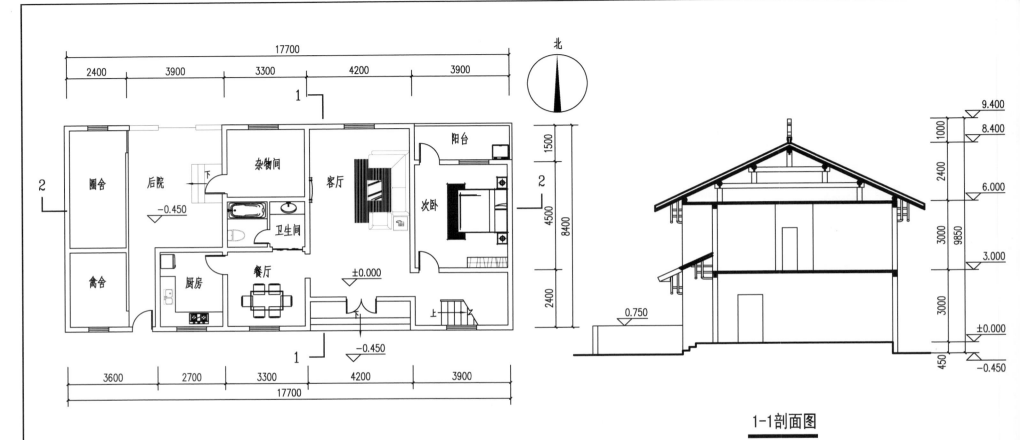

一层平面图

1-1剖面图

技术经济指标表：

各功能空间使用面积(m²)							总建筑面积(m²)	
起居	客厅	厨房	卫生间	楼梯间及走道	车库及储藏间	生产用房	生产	居住
							19.1	175.4
15.3	20.8	7.8	8.5	20.1	8.7	19.1	合计：	194.5

设计说明：

本设计适用进深不超过10m的用地，居住对象业态为散居农牧型。

建筑以砌体结构为主，上下墙体对齐，结构布置合理，屋顶采用木架结构。

建筑南面为住宅主入口，北面为农作次入口，家庭结构为4~5人，设有4间卧室。

房间布局紧凑，空间利用合理，太阳能利用充分。

彝族绿色农房方案图

图 名	设计说明　技术经济指标表　一层平面图　1-1剖面图	方案	05
图片来源	张远雪绘制		

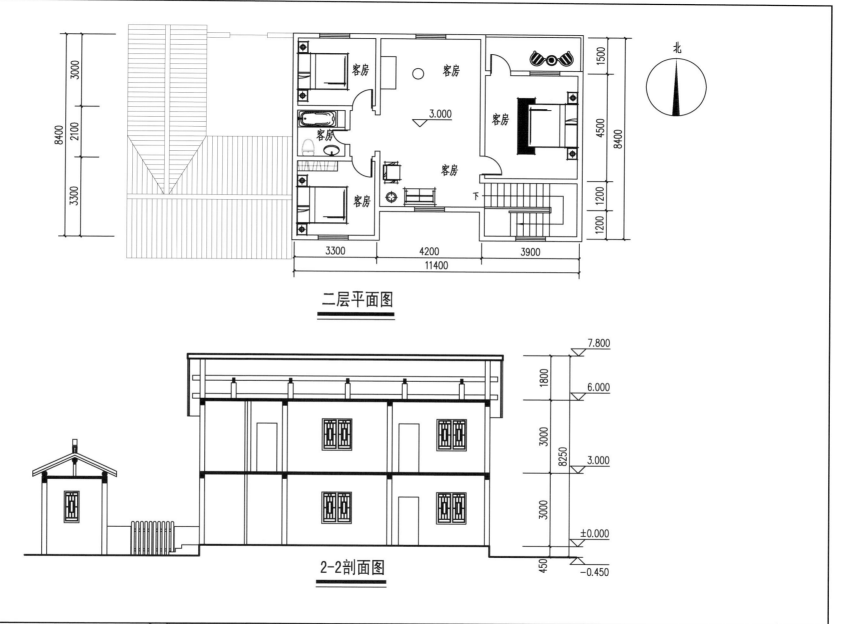

二层平面图

2-2剖面图

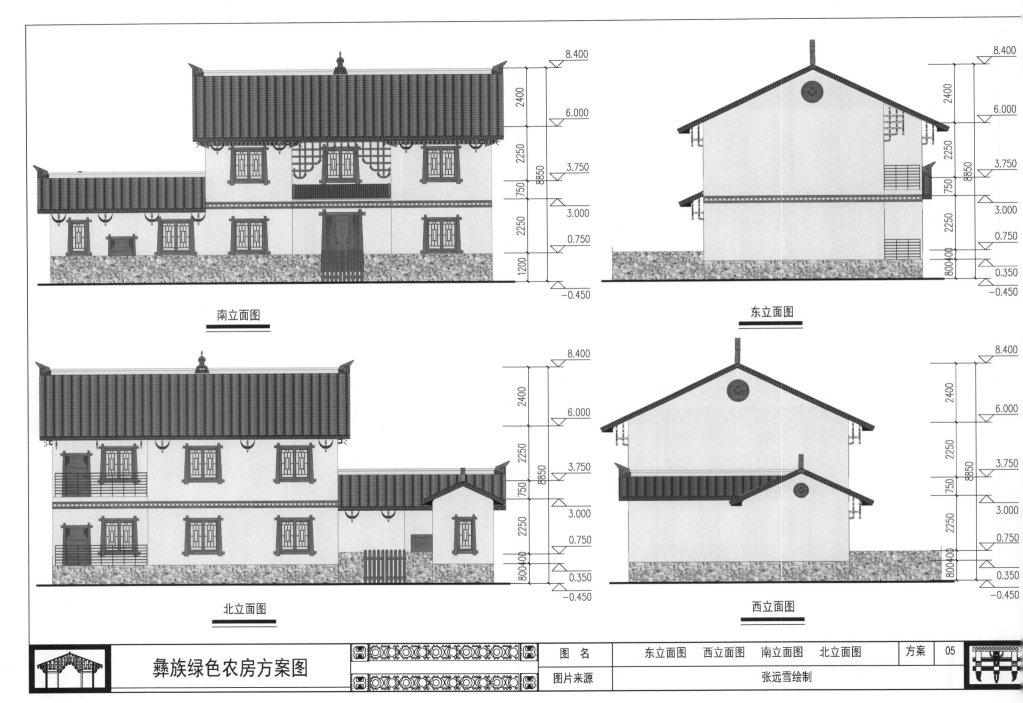

南立面图

东立面图

北立面图

西立面图

| | 图 名 | 东立面图　西立面图　南立面图　北立面图 | 方案 | 05 |
| 彝族绿色农房方案图 | 图片来源 | 张远雪绘制 | | |

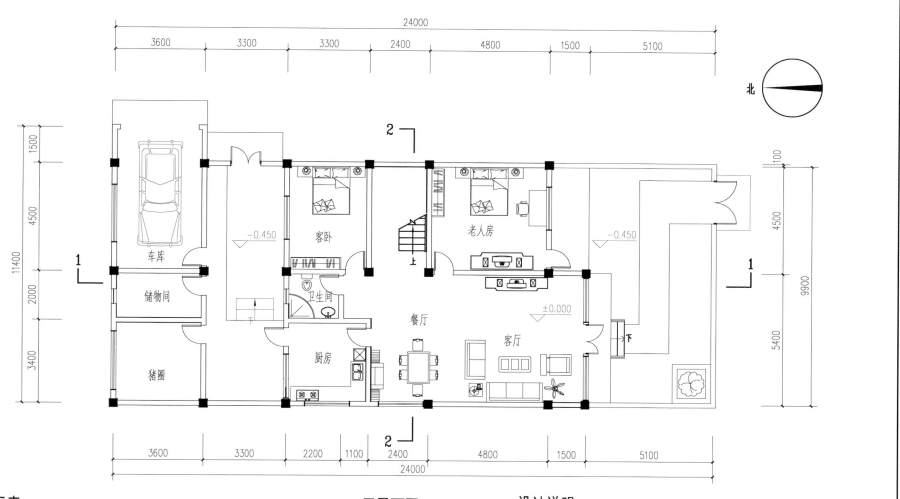

一层平面图

技术经济指标表：

各功能空间使用面积(m²)							总建筑面积(m²)	
起居	客厅	厨房	卫生间	楼梯间及走道	车库及储藏间	生产用房	生产	居住
							41	201.9
92.3	47	11.2	8	43.4	28.8	12.2	合计：	242.9

设计说明：

　　本设计适用进深大于15m的用地，建筑东向北侧设后勤出入口，正面围墙形成院落，南向设置出入口，墙体上下对齐，受力合理，结构形式为框架结构，居住对象适用于任何家庭，生产空间包括储藏和猪圈，通过室内楼梯组织空间，房间布局紧凑，建筑采光充足，通风良好。

彝族绿色农房方案图

图名	设计说明　技术经济指标表　一层平面图	方案	06
图片来源	夏钰婷绘制		

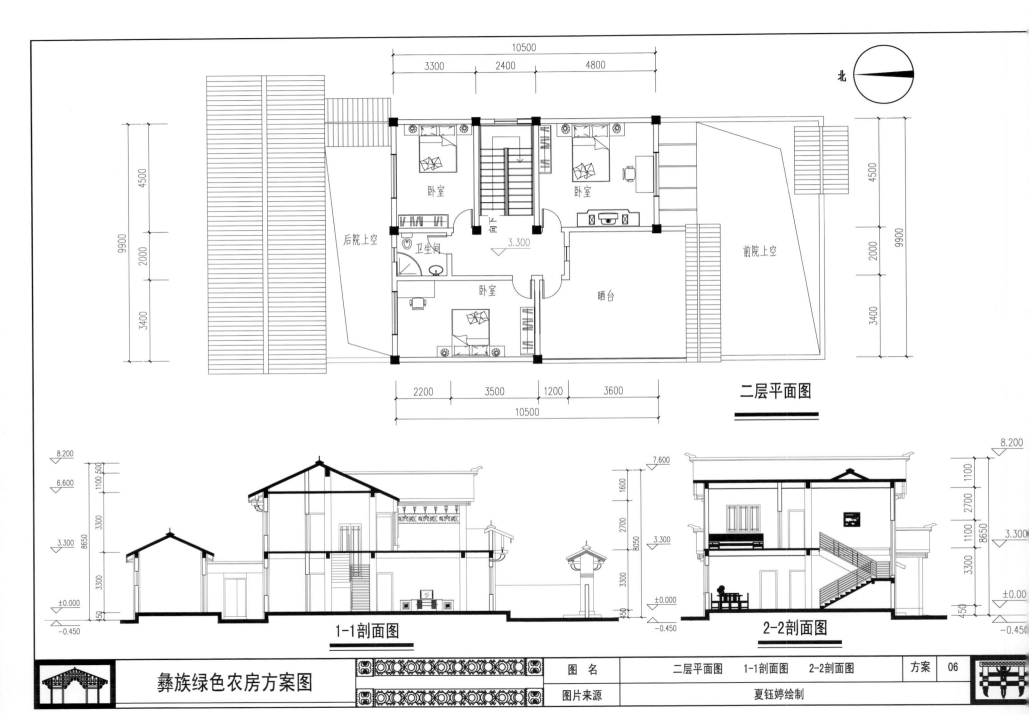

二层平面图

1-1剖面图

2-2剖面图

| | 图 名 | 二层平面图　　1-1剖面图　　2-2剖面图 | 方案 | 06 |
彝族绿色农房方案图
| | 图片来源 | 夏钰婷绘制 |

— 58 —

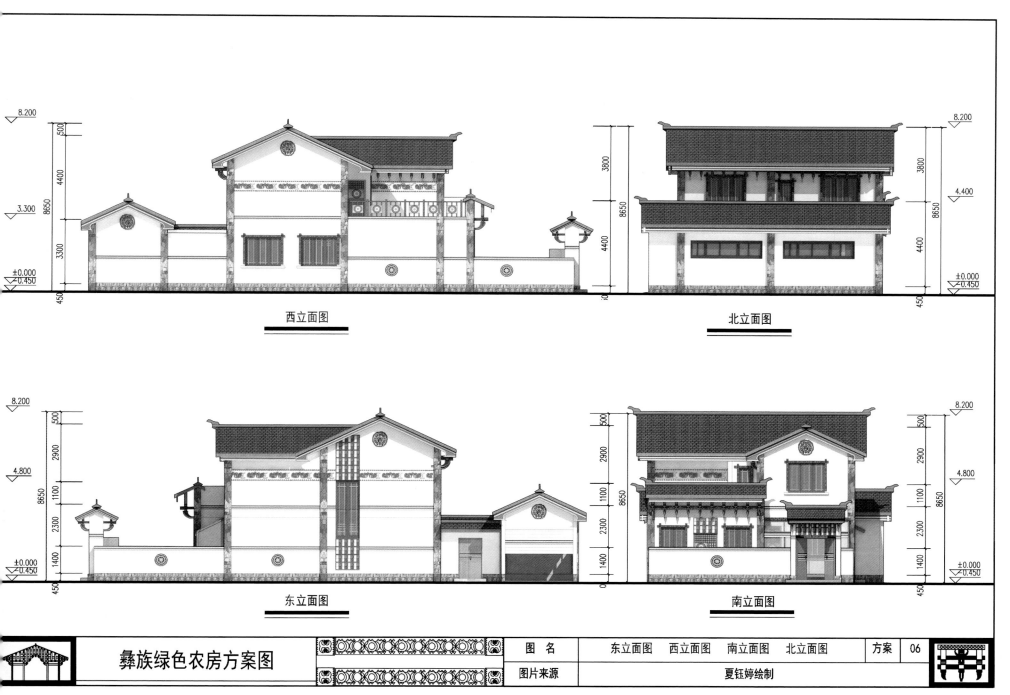

西立面图

北立面图

东立面图

南立面图

彝族绿色农房方案图

| 图 名 | 东立面图　西立面图　南立面图　北立面图 | 方案 | 06 |
| 图片来源 | 夏钰婷绘制 | | |

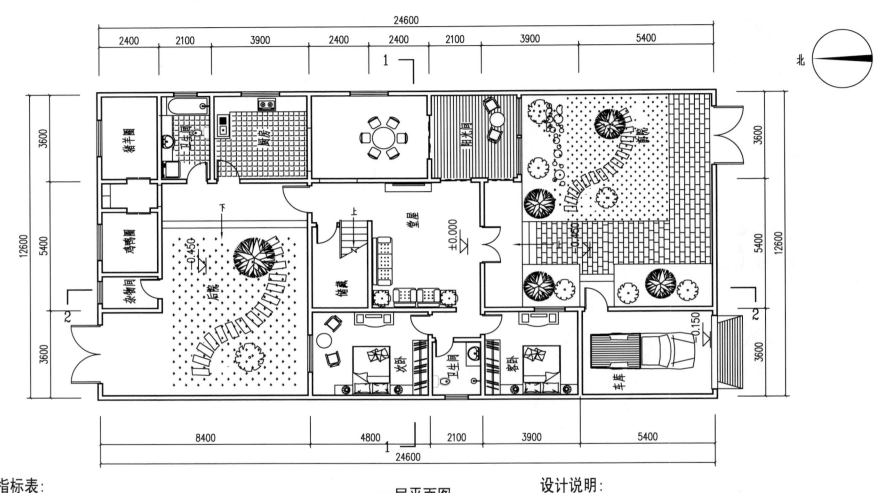

技术经济指标表：

各功能空间使用面积（m²）							总建筑面积（m²）	
起居	客厅	厨房	卫生间	楼梯间及走道	车库及储藏间	生产用房	生产	居住
							43.66	259.84
75.3	44.7	12.58	14.46	35.83	27.82	15.84	合计：	303.5

一层平面图

设计说明：

本设计适用15m以上大进深用地，农牧型，带前后院，设有鸡舍、羊圈。建筑南、北向设置出入口，生活流线与生产流线互不干扰。墙体上下对齐，受力合理，结构形式为砖混结构。建筑二层为主，局部三层设有宗教空间，通过室内楼梯组织空间，房间布局紧凑，建筑采光充足，通风良好。

彝族绿色农房方案图

图 名	设计说明 技术指标表经济 一层平面图	方案	07
图片来源	张露露绘制		

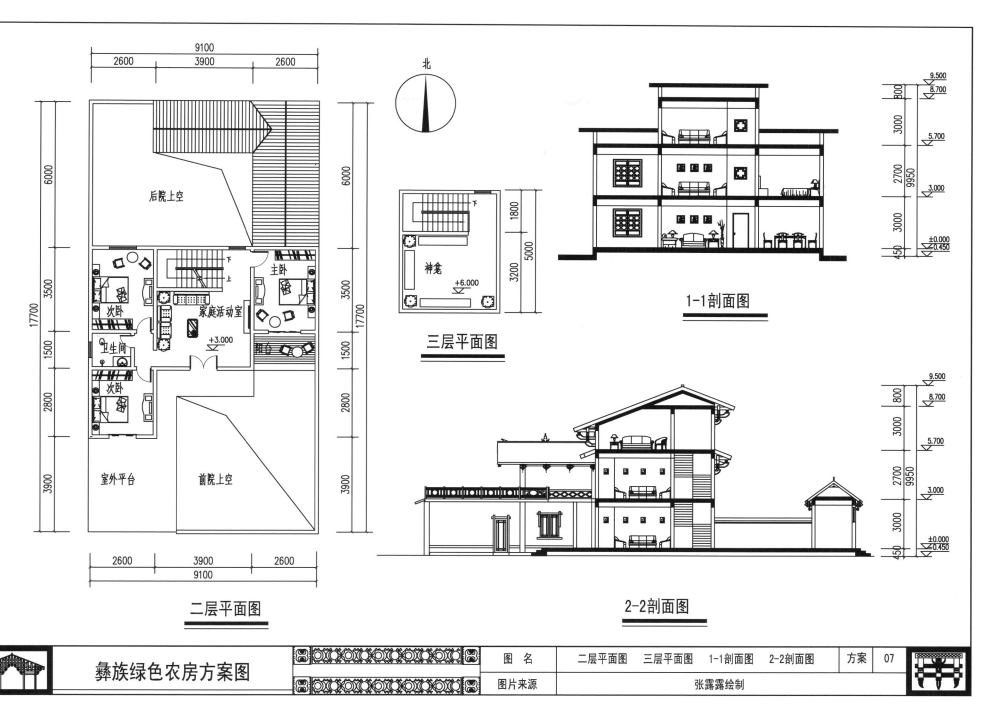

9100
2600　3900　2600

北

9.500
8.700
800
3000
5.700
2700
9950
3.000
3000
±0.000
450　0.450

后院上空

6000

主卧

次卧

家庭活动室

次卧

卫生间

+3.000

室外平台

前院上空

17700
3500
1500
2800
3900

1-1剖面图

+6.000

三层平面图

神龛

1800
3200
5000

2600　3900　2600
9100

二层平面图

9.500
8.700
800
3000
5.700
2700
9950
3.000
3000
±0.000
450　0.450

2-2剖面图

彝族绿色农房方案图

图 名	二层平面图　三层平面图　1-1剖面图　2-2剖面图	方案	07
图片来源	张露露绘制		

— 61 —

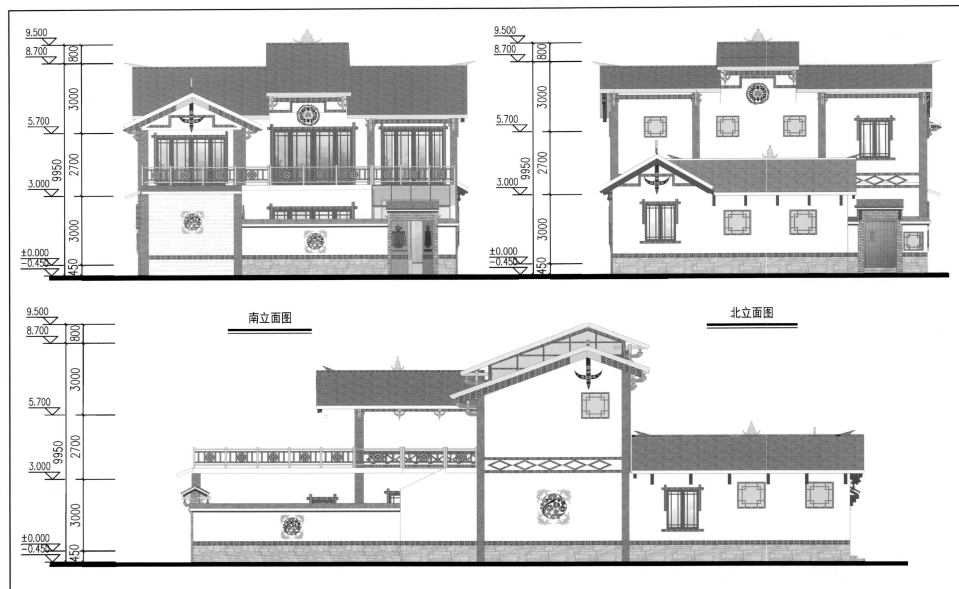

南立面图

北立面图

东立面图

彝族绿色农房方案图		图 名	东立面图　南立面图　北立面图	方案	07
		图片来源	张露露绘制

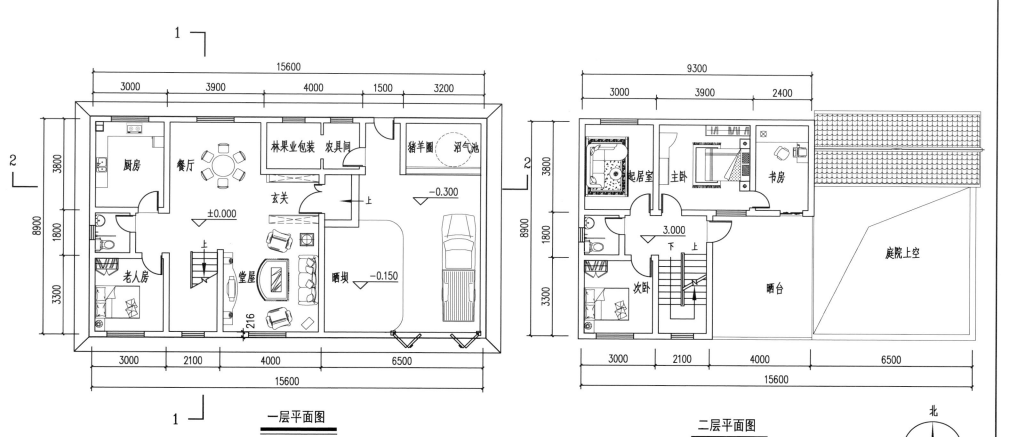

一层平面图

二层平面图

北

技术经济指标表:

各功能空间使用面积(m²)							总建筑面积(m²)	
起居	客厅	厨房	卫生间	楼梯间及走道	车库及储藏间	生产用房	生产	居住
							32.5	225.61
12.1	23.6	12.1	8.7	38.1	17.5	30.2	合计:	258.11

设计说明:

本设计为凉山彝族散居中的复合型居住方案,适用10m以下进深。建筑呈L形,围合出前院,南北向分别设置主次入口;结构形式为砖混结构;适宜农业务工、养殖等多种业态兼具的住户居住,生产空间包括林果业包装、农具储藏、猪羊圈,屋顶和院落均可做晒坝;房间布局紧凑,采光、通风效果良好。

彝族绿色农房方案图

图 名	设计说明 技术经济指标表 一层平面图 二层平面图	方案	08
图片来源	唐彬绘制		

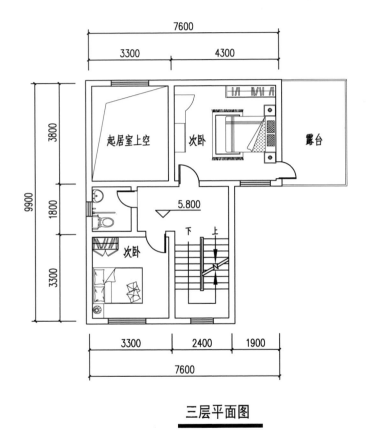

7600
3300   4300

起居室上空   次卧   露台

3800

9900   1800   5.800

下   上

次卧

3300

3300   2400   1900
7600

三层平面图

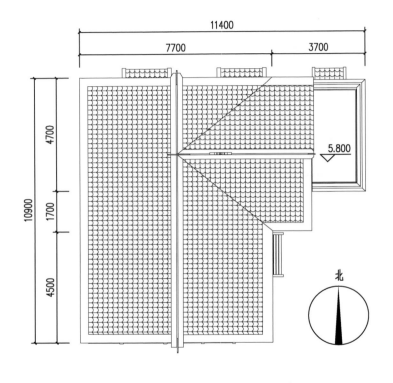

11400
7700   3700

4700

5.800

10900   1700

4500

北

屋顶平面图

彝族绿色农房方案图

图 名	三层平面图　屋顶平面图	方案	08
图片来源	唐彬绘制		

南立面图

东立面图

北立面图

西立面图

彝族绿色农房方案图

| 图 名 | 东立面图　西立面图　南立面图　北立面图 | 方案 | 08 |

| 图片来源 | 唐彬绘制 |

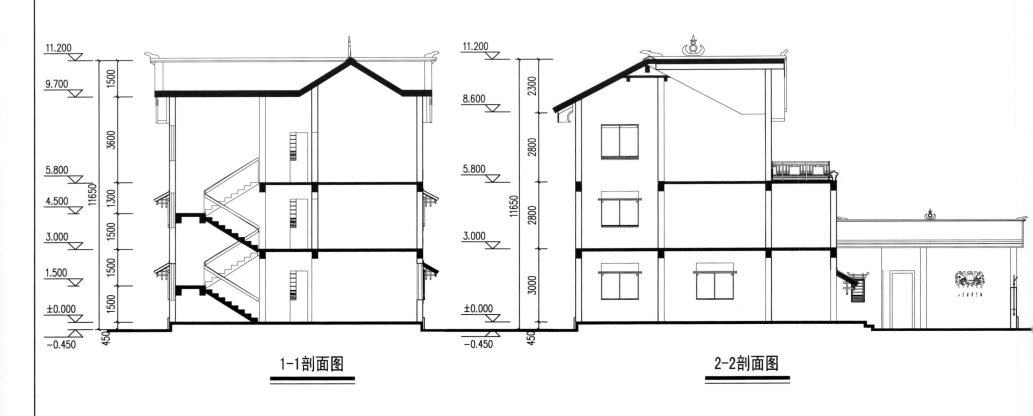

1-1剖面图

2-2剖面图

 彝族绿色农房方案图

图　名	1-1剖面图　2-2剖面图	方案	08
图片来源	唐彬绘制		

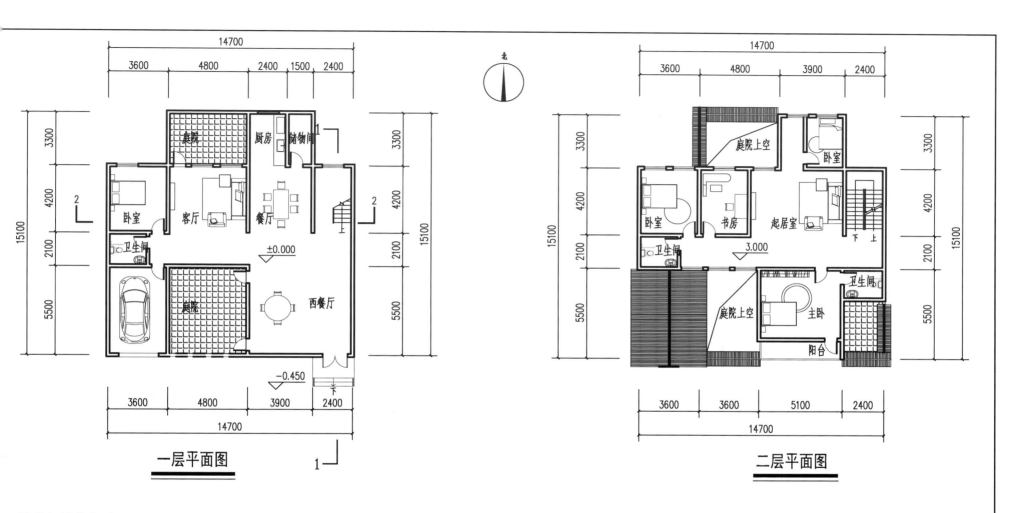

一层平面图

二层平面图

技术经济指标表:

各功能空间使用面积(m²)							总建筑面积(m²)	
起居	客厅	厨房	卫生间	楼梯间及走道	车库及储藏间	生产用房	生产	居住
							42.24	213.8
64.6	36.5	12.9	13.9	66.1	19.8	42.24	合计:	256.4

设计说明:

　　本设计适用大进深用地,属于聚居型双拼农房类型,前庭后院形式,前院设置车库 ,后院为次入口 ,主要用于农具类的出入 ,有利于建筑洁污分区。

　　本设计为居住型农房,主要由庭院与露台提供其晾晒需求,建筑体型系数小,房间布局舒适,建筑采光充足,通风良好。

彝族绿色农房方案图

图 名	设计说明　技术经济指标表　一层平面图　二层平面图	方案	09
图片来源	高小妮绘制		

北立面图

1-1剖面图

南立面图

2-2剖面图

彝族绿色农房方案图

图 名	南立面图　北立面图　1-1剖面图　2-2剖面图	方案	09
图片来源	高小妮绘制		

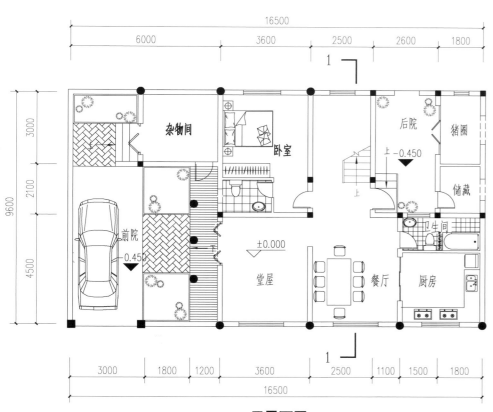

一层平面图

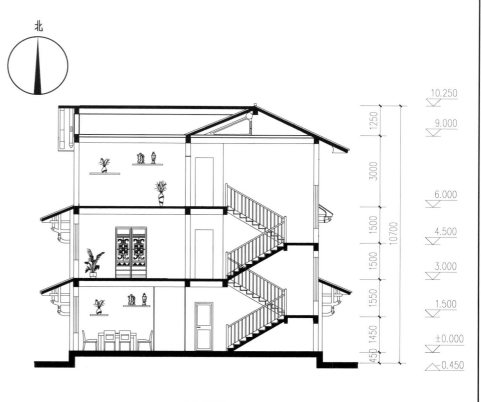

1-1剖面图

技术经济指标表:

各功能空间使用面积(㎡)							总建筑面积(㎡)	
起居	客厅	厨房	卫生间	楼梯间及走道	车库及储藏间	生产用房	生产	居住
							18.9	185.9
16.2	16.2	9.9	17.7	43.25	13.5	5.4	合计:	204.8

设计说明:

本设计适用进深10~12m用地,建筑南面为住宅主入口,与西面围墙形成前院,可用于停放车辆,北向为农作次入口进入东面后院。建筑结构形式为砖混结构,受力合理。居住对象业态为复合型,生产空间包括储藏、晒坝、圈舍。房间布局紧凑,空间利用合理,建筑采光充足,通风良好,太阳能利用充分。

彝族绿色农房方案图

图 名	设计说明 技术经济指标表 一层平面图 1-1剖面图	方案	10
图片来源	邱思婷绘制		

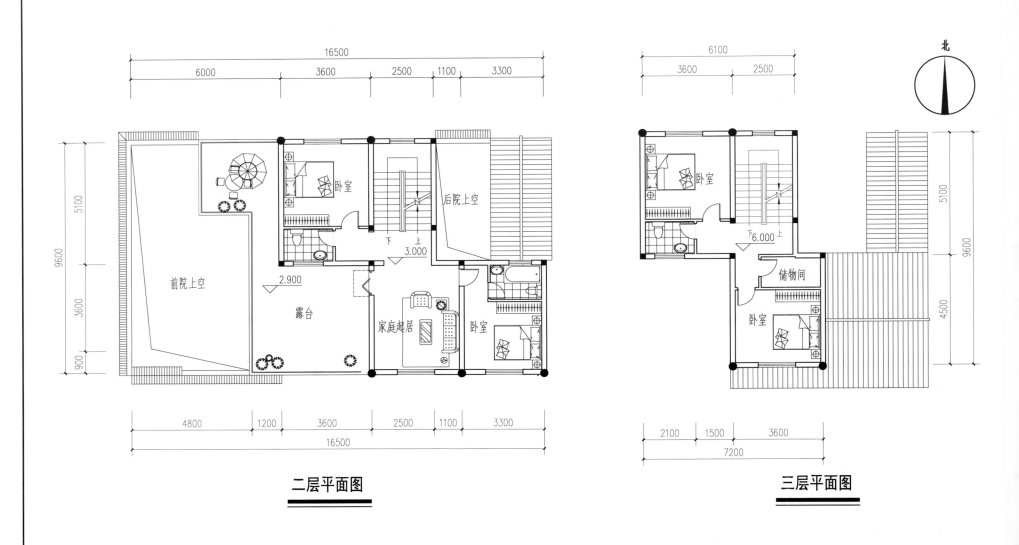

二层平面图

三层平面图

| 彝族绿色农房方案图 | 图 名 | 二层平面图 三层平面图 | 方案 | 10 |
| | 图片来源 | 邱思婷绘制 | | |

南立面图

东立面图

北立面图

西立面图

| 图 名 | 东立面图　西立面图　南立面图　北立面图 | 方案 | 10 |
| 图片来源 | 邱思婷绘制 | | |

彝族绿色农房方案图

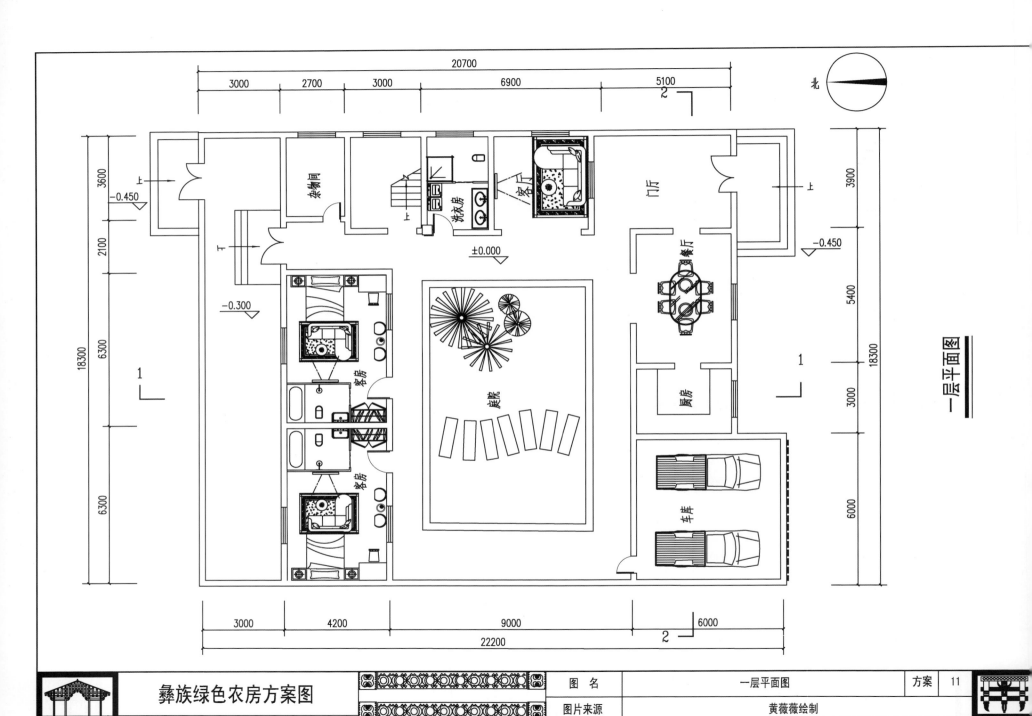

20700
3000　2700　3000　6900　5100

北

2

杂物间

上
-0.450

下

洗衣房

上

±0.000

门厅

客厅

餐厅

-0.450

3600
2100
6300
6300
18300

-0.300

客房

庭院

客房

厨房

3900
5400
3000
6000
18300

一层平面图

车库

1

2

1

3000　4200　9000　6000

22200

2

彝族绿色农房方案图

| 图　名 | 一层平面图 | 方案 | 11 |
| 图片来源 | 黄薇薇绘制 | | |

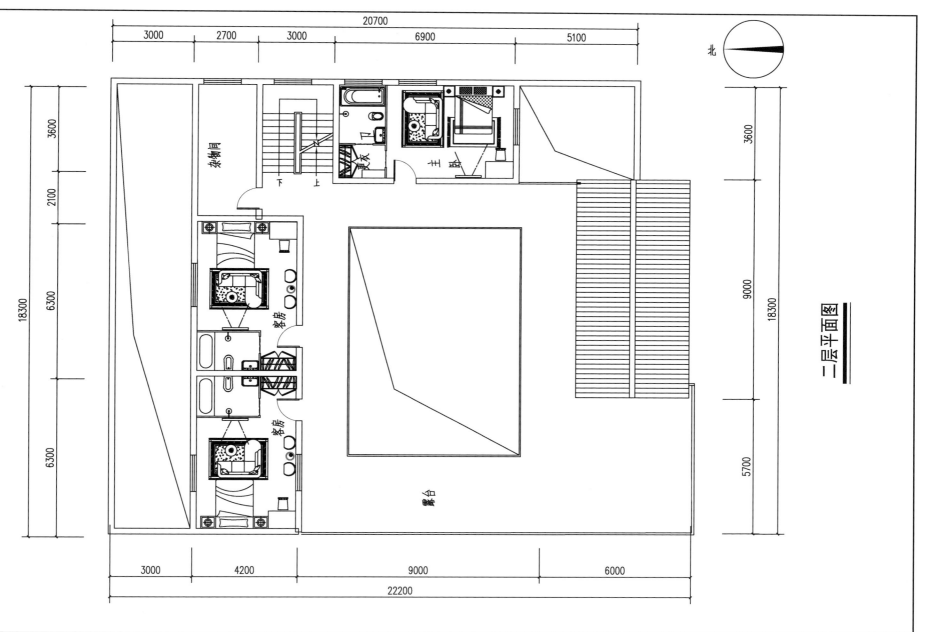

20700
3000 2700 3000 6900 5100

北

3600

18300

3600

杂物间

下 上

更衣

主卧

客房

客房

阳台

二层平面图

9000

18300

5700

3000 4200 9000 6000
22200

彝族绿色农房方案图

| 图 名 | 二层平面图 | 方案 | 11 |
| 图片来源 | 黄薇薇绘制 | | |

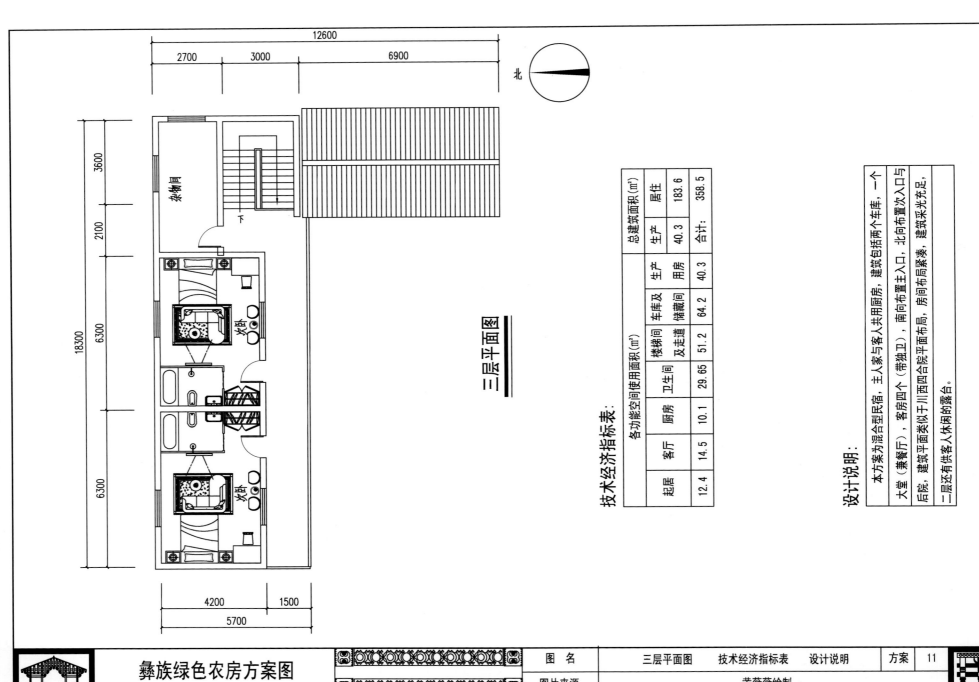

技术经济指标表：

各功能空间使用面积（m²）

起居	客厅	厨房	卫生间	楼梯间及走道	车库及储藏间	生产用房
12.4	14.5	10.1	29.65	51.2	64.2	40.3

总建筑面积（m²）

生产	居住
40.3	183.6
合计：	358.5

三层平面图

设计说明：

本方案为混合型民宿，主人家与客人共用厨房，建筑包括两个车库，一个大堂（兼餐厅），客房四个（带独卫），南向布置主入口，北向布置次入口与后院，建筑平面类似于川西四合院平面布局，房间布局紧凑，建筑采光充足，二层还有供客人休闲的露台。

彝族绿色农房方案图

图 名	三层平面图 技术经济指标表 设计说明	方案 11
图片来源	黄薇薇绘制	

15.900

4900

11.000

2000

9.000

16350

3000

6.000

3000

3.000

3000

±0.000

450

0.450

15.900

4200

2700

9.000

1800

7.200

16350

4200

3.000

3000

±0.000

450

-0.450

南立面图

彝族绿色农房方案图

| 图　名 | 南立面图 | 方案 | 11 |
| 图片来源 | 黄薇薇绘制 | | |

— 75 —

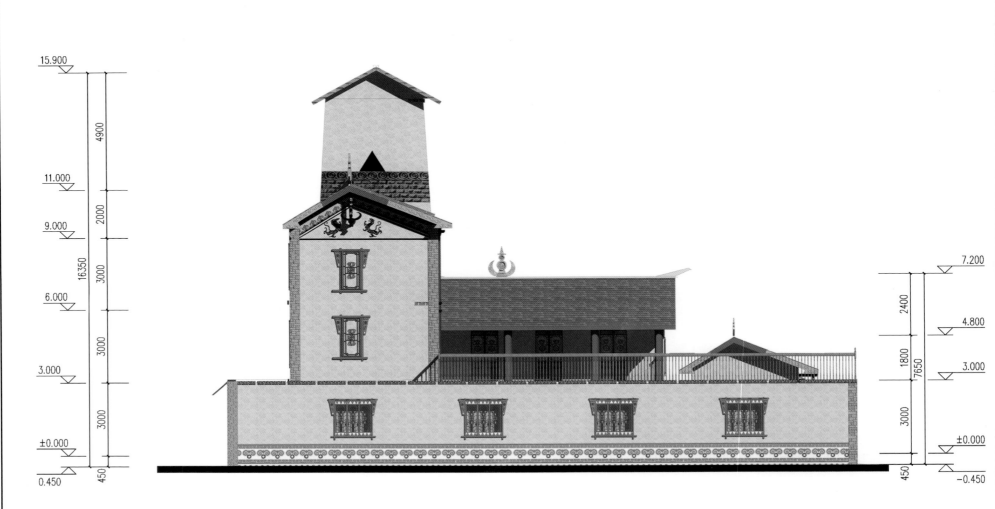

15.900

4900

11.000

2000

9.000

3000

16350

6.000

3000

3.000

3000

±0.000

450

0.450

7.200

2400

4.800

1800

7650

3.000

3000

±0.000

450

-0.450

西立面图

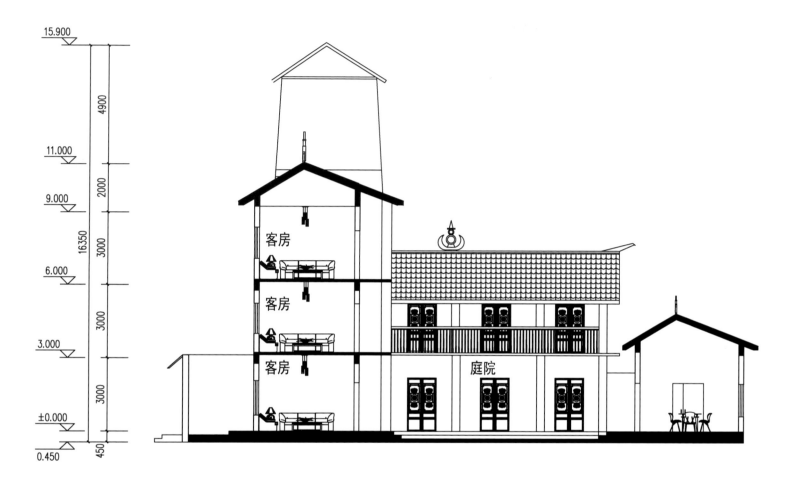

15.900

4900

11.000

2000

9.000

客房

16350

3000

6.000

客房

3000

3.000

客房

庭院

3000

±0.000

450

0.450

1-1 剖面图

彝族绿色农房方案图	图 名	1-1剖面图	方案	11
	图片来源	黄薇薇绘制		

11.000

2000

9.000

3000

11450

6.000

3000

3.000

3000

±0.000

450

−0.450

2-2 剖面图

 彝族绿色农房方案图

图　名	2-2剖面图	方案	11
图片来源	黄薇薇绘制		

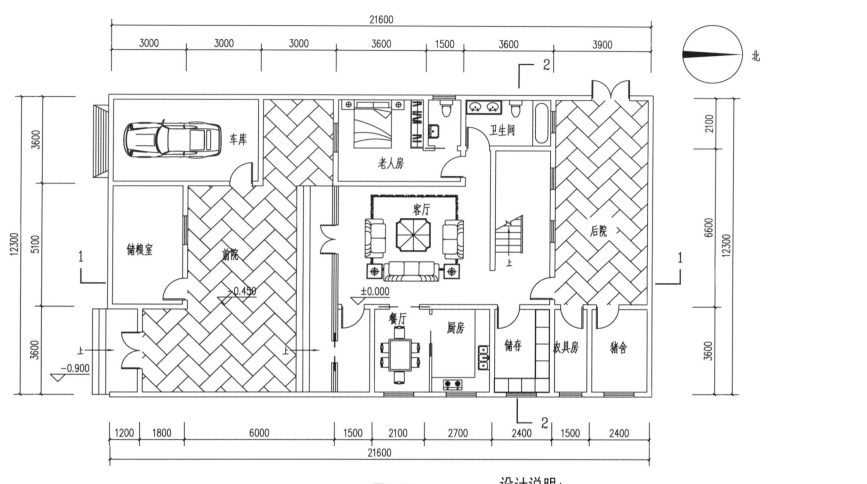

一层平面图

技术经济指标表:

各功能空间使用面积（m²）							总建筑面积（m²）	
起居	客厅	厨房	卫生间	楼梯间及走道	车库及储藏间	生产用房	生产	居住
							52.8	198.8
38.2	24.1	15.6	17.8	61.8	19.72	52.8	合计:	339.86

设计说明：

本设计适用进深15m以上用地，，利用围墙形成大小院落，对应主次入口，南向设置主入口，墙体上下对齐，受力合理，结构形式为砖混结构，建筑居住对象主要为粮农家庭，生产空间包括储藏和加工房间，通过室内楼梯组织空间，房间布局紧凑，建筑采光充足，通风良好。

彝族绿色农房方案图

图 名	技术经济指标表　　设计说明　　一层平面图	方案	12
图片来源	李琛绘制		

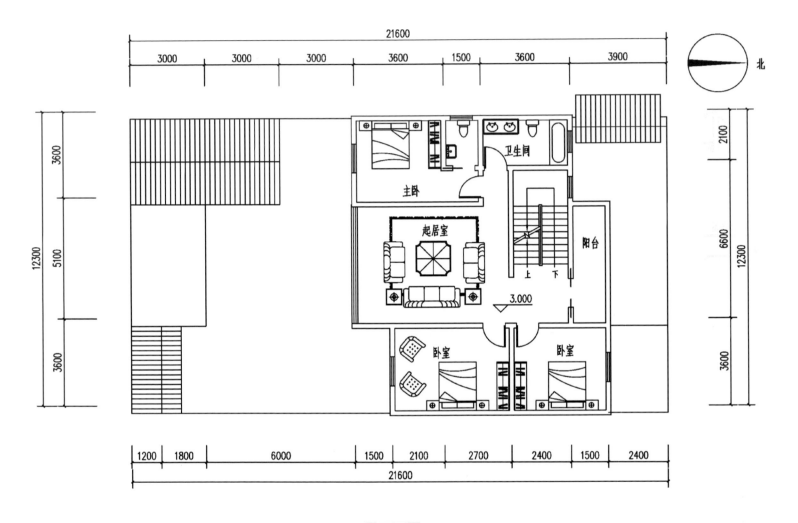

21600

3000　3000　3000　3600　1500　3600　3900

北

2100

6600

12300

3600

3600

5100

3600

12300

卫生间

主卧

起居室

阳台

上　下

3.000

卧室

卧室

1200　1800　6000　1500　2100　2700　2400　1500　2400

21600

二层平面图

彝族绿色农房方案图

图　名	二层平面图	方案	12
图片来源	李琛绘制		

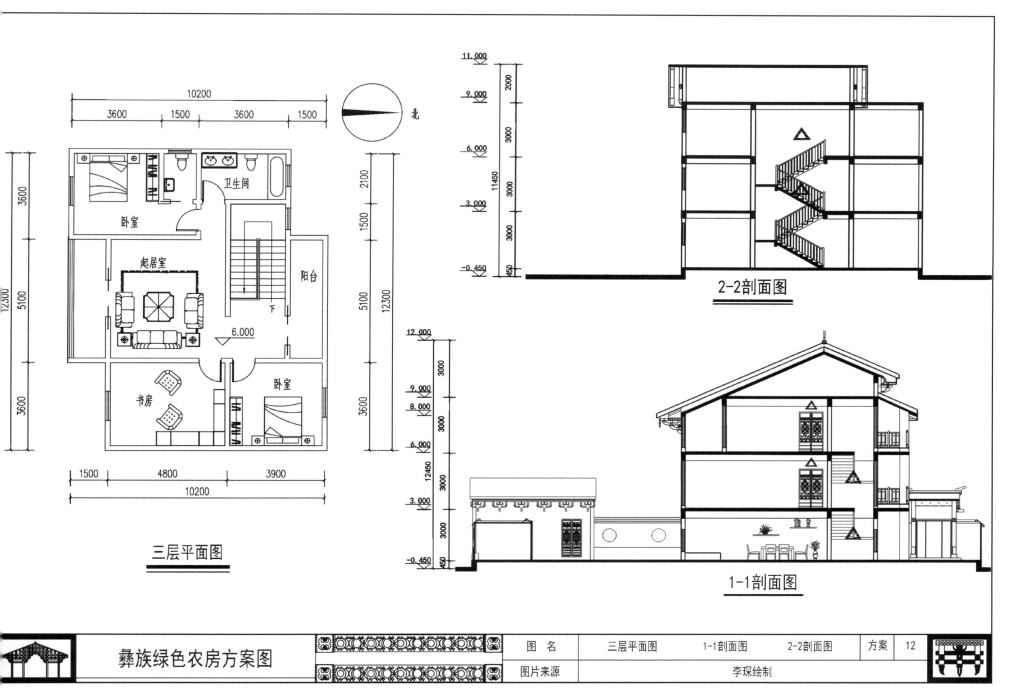

三层平面图

2-2剖面图

1-1剖面图

卧室　　　卫生间　　　起居室　　　阳台　　　书房　　　卧室

北

彝族绿色农房方案图

| 图 名 | 三层平面图 | 1-1剖面图 | 2-2剖面图 | 方案 | 12 |
| 图片来源 | | 李琛绘制 | | | |

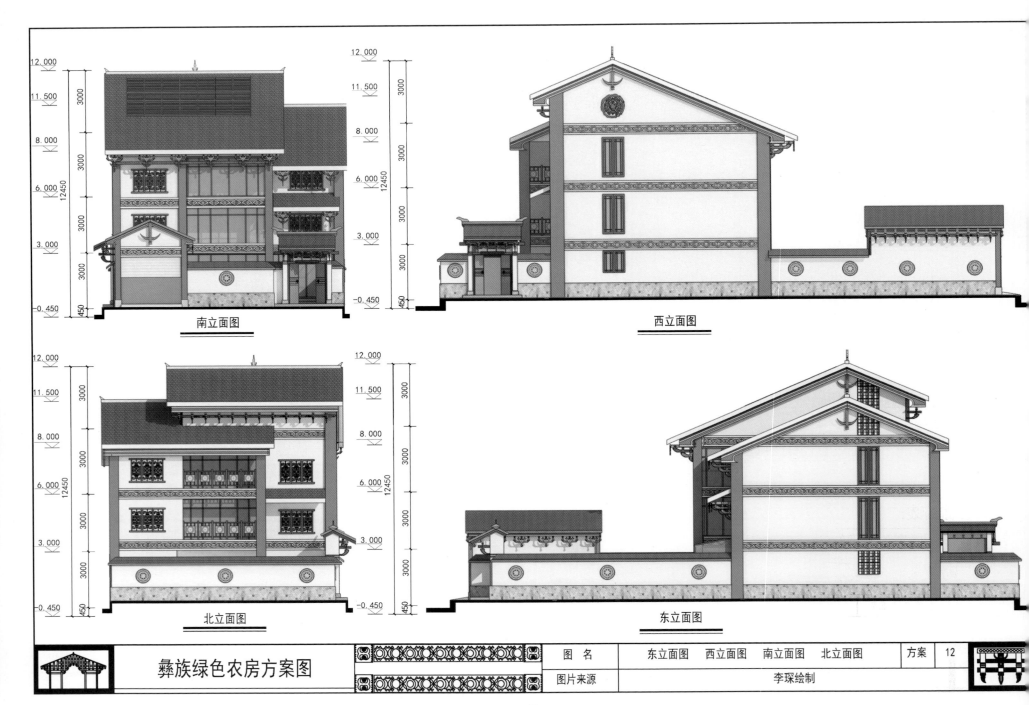

南立面图

西立面图

北立面图

东立面图

| 图 名 | 东立面图　西立面图　南立面图　北立面图 | 方案 | 12 |

彝族绿色农房方案图

| 图片来源 | 李琛绘制 |

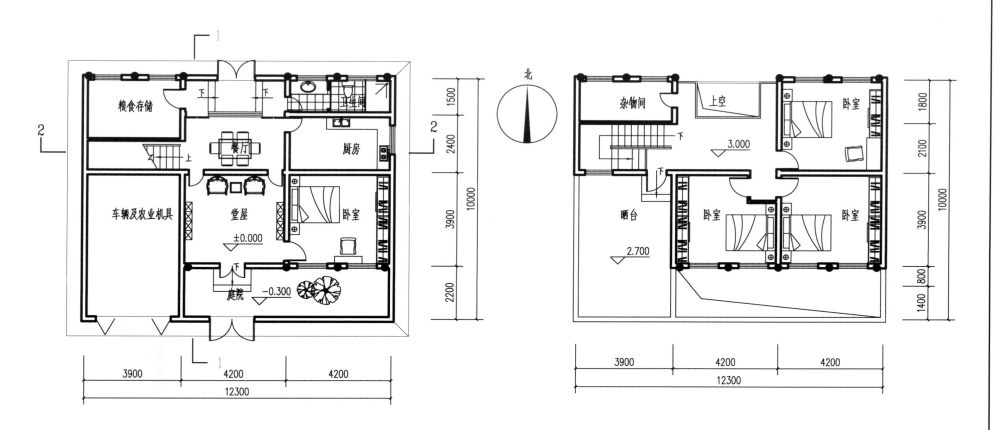

一层平面图

二层平面图

技术经济指标表：

各功能空间使用面积(㎡)							总建筑面积(㎡)	
堂屋	餐厅	厨房	卫生间	楼梯间及走道	车库及储藏间	晒台	生产	居住
							30.6	121.28
14.8	8.78	8.8	5.2	18.4	36.7	21.8	合计：	151.88

设计说明：

本设计适用进深不超过10m的用地，居住对象业态为经济粮农屋顶晒台型。

建筑以砌体结构为主，上下墙体对齐，结构布置合理，屋顶采用钢架结构。

建筑南面为住宅主入口，北面为农作次入口，家庭结构为4~5人，设有4间卧室。

房间布局紧凑，空间利用合理，太阳能利用充分。

图 名	设计说明 技术经济指标表 一层平面图 二层平面图	方案	13
图片来源	张远雪绘制		

 彝族绿色农房方案图

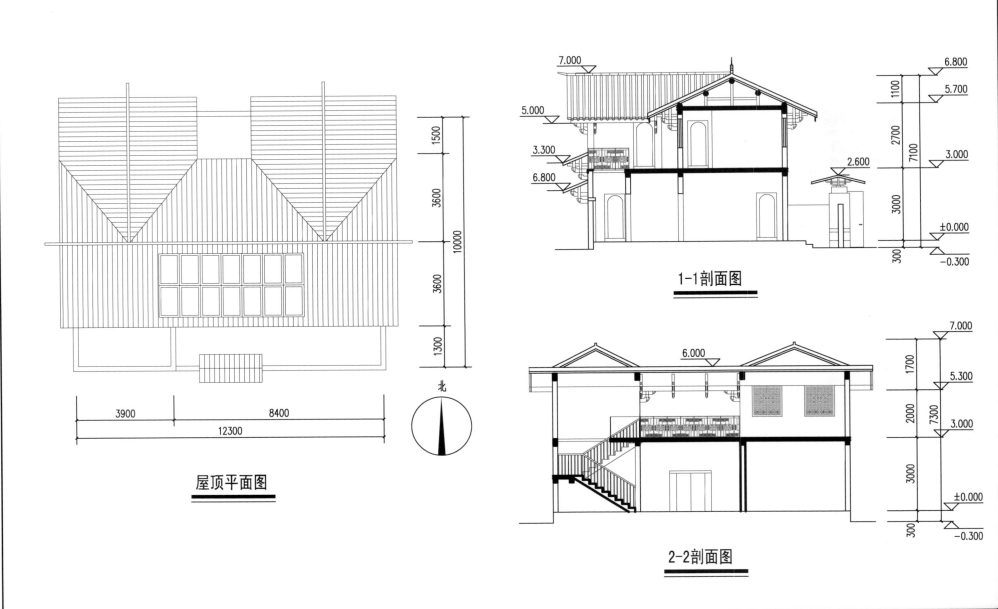

7.000

5.000

3.300

6.800

6.800

5.700

1100

2700

7100

3.000

2.600

±0.000

300

−0.300

1-1剖面图

1500

3600

10000

3600

1300

3900   8400

12300

屋顶平面图

北

7.000

6.000

5.300

1700

2000

7300

3.000

±0.000

300

−0.300

2-2剖面图

彝族绿色农房方案图

| 图 名 | 屋顶平面图　1-1剖面图　2-2剖面图 | 方案 | 13 |
| 图片来源 | 张远雪绘制 | | |

— 84 —

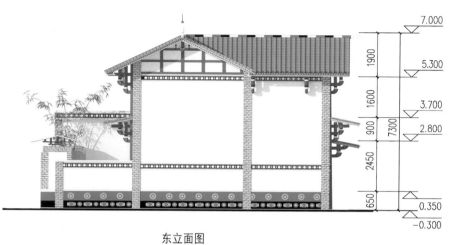

南立面图

东立面图

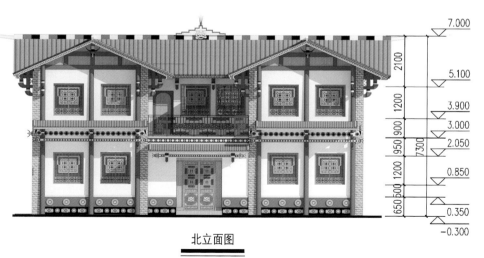

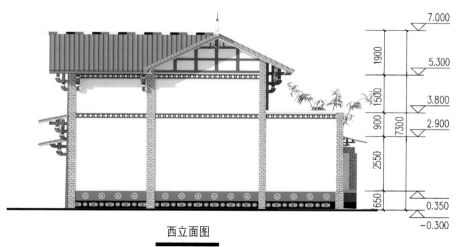

北立面图

西立面图

| 彝族绿色农房方案图 | 图 名 | 东立面图　西立面图　南立面图　北立面图 | 方案 | 13 |
| | 图片来源 | 张远雪绘制 | | |

85

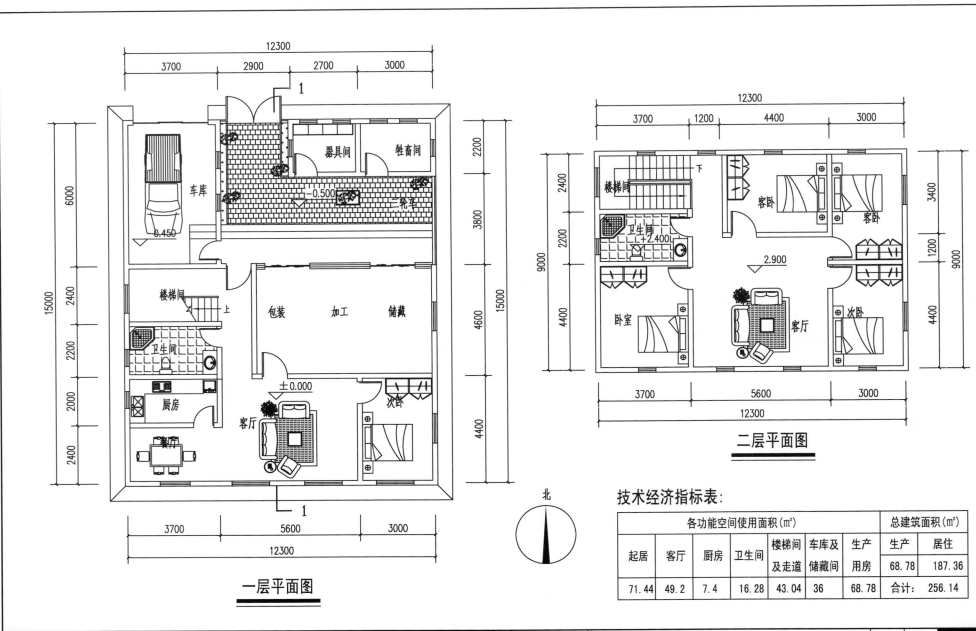

一层平面图

器具间
牲畜间
车库
二轮车
-0.500
0.450
楼梯间
包装 加工 储藏
卫生间
厨房
餐厅
客厅
±0.000
次卧

12300
3700 2900 2700 3000
2200
3800
4600
4400
6000 2400 2200 2000 2400
15000
15000
3700 5600 3000
12300

二层平面图

楼梯间
下
客卧 客卧
卫生间
+2.400
2.900
卧室 客厅 次卧

12300
3700 1200 4400 3000
2400
2200
4400
3400
1200
4400
9000
9000
3700 5600 3000
12300

北

技术经济指标表:

各功能空间使用面积（m²）							总建筑面积（m²）	
起居	客厅	厨房	卫生间	楼梯间及走道	车库及储藏间	生产用房	生产	居住
							68.78	187.36
71.44	49.2	7.4	16.28	43.04	36	68.78	合计：256.14	

彝族绿色农房方案图

图 名	一层平面图　二层平面图　技术经济指标表	方案	14
图片来源	刘欣雨绘制		

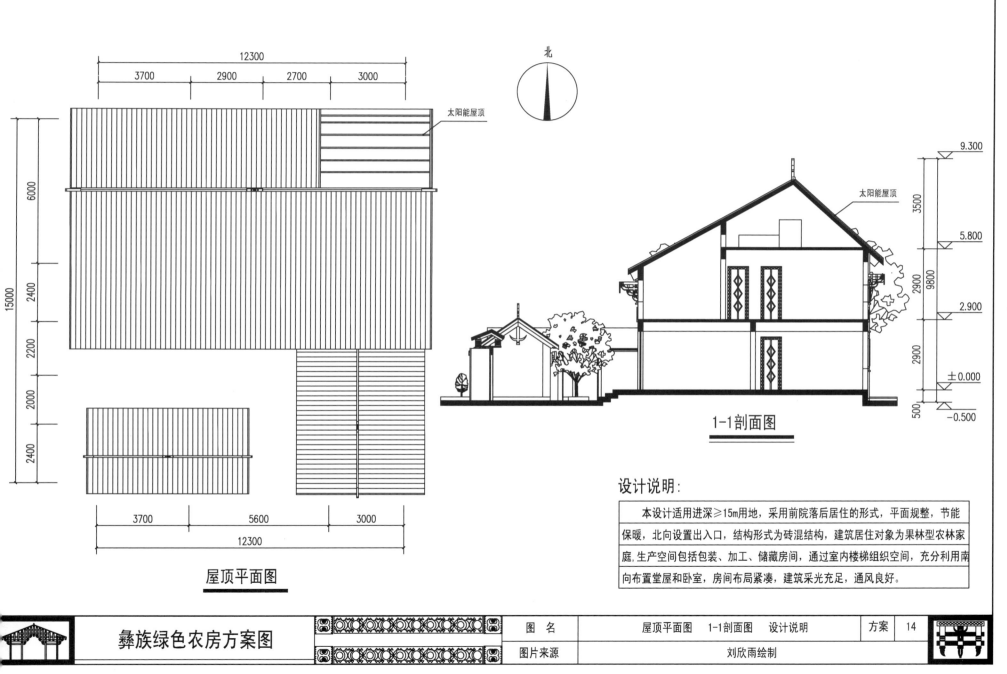

12300
3700 2900 2700 3000

北

太阳能屋顶

15000
6000
2400
2200
2000
2400

屋顶平面图

3700 5600 3000
12300

太阳能屋顶

9.300
3500
5.800
2900
9800
2.900
2900
±0.000
500
-0.500

1-1剖面图

设计说明：

　　本设计适用进深≥15m用地，采用前院落后居住的形式，平面规整，节能保暖，北向设置出入口，结构形式为砖混结构，建筑居住对象为果林型农林家庭，生产空间包括包装、加工、储藏房间，通过室内楼梯组织空间，充分利用南向布置堂屋和卧室，房间布局紧凑，建筑采光充足，通风良好。

| 彝族绿色农房方案图 | 图 名 | 屋顶平面图　1-1剖面图　设计说明 | 方案 | 14 |
| | 图片来源 | 刘欣雨绘制 | | |

— 87 —

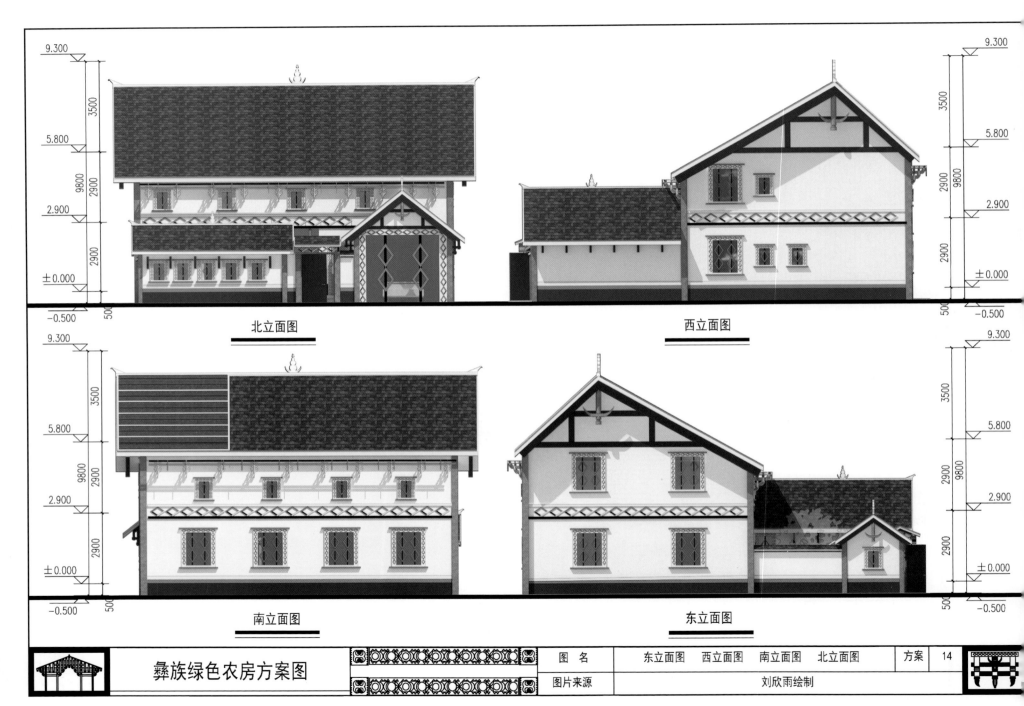

北立面图

西立面图

南立面图

东立面图

彝族绿色农房方案图

图　名	东立面图　　西立面图　　南立面图　　北立面图	方案	14
图片来源	刘欣雨绘制		

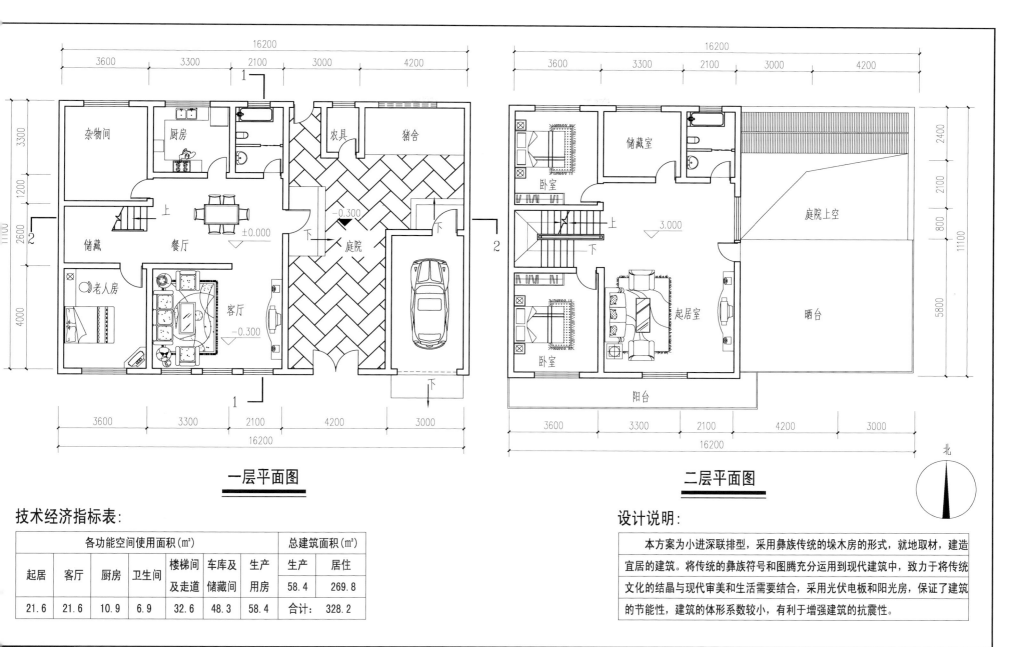

一层平面图

二层平面图

北

技术经济指标表:

各功能空间使用面积(m²)							总建筑面积(m²)	
起居	客厅	厨房	卫生间	楼梯间及走道	车库及储藏间	生产用房	生产 58.4	居住 269.8
21.6	21.6	10.9	6.9	32.6	48.3	58.4	合计:	328.2

设计说明:

本方案为小进深联排型,采用彝族传统的垛木房的形式,就地取材,建造宜居的建筑。将传统的彝族符号和图腾充分运用到现代建筑中,致力于将传统文化的结晶与现代审美和生活需要结合,采用光伏电板和阳光房,保证了建筑的节能性,建筑的体形系数较小,有利于增强建筑的抗震性。

彝族绿色农房方案图

图 名	设计说明 技术经济指标表 一层平面图 二层平面图	方案	15
图片来源	秦雅菲绘制		

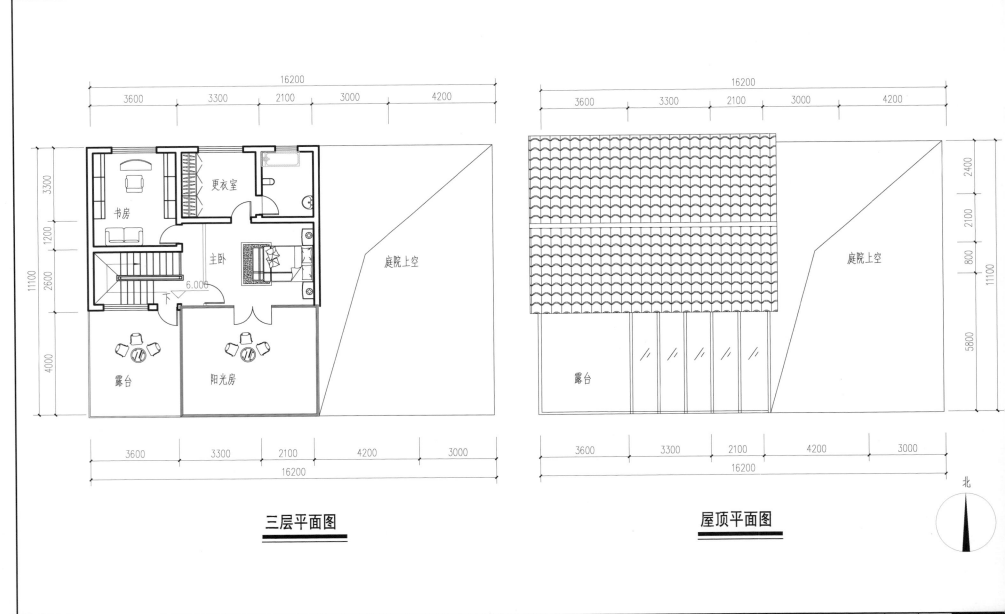

三层平面图

屋顶平面图

北

彝族绿色农房方案图

| 图 名 | 三层平面图 屋顶平面图 | 方案 | 15 |
| 图片来源 | 秦雅菲绘制 | | |

南立面图

东立面图

北立面图

西立面图

	图 名	东立面图　西立面图　南立面图　北立面图	方案	15
彝族绿色农房方案图				
	图片来源	秦雅菲绘制		

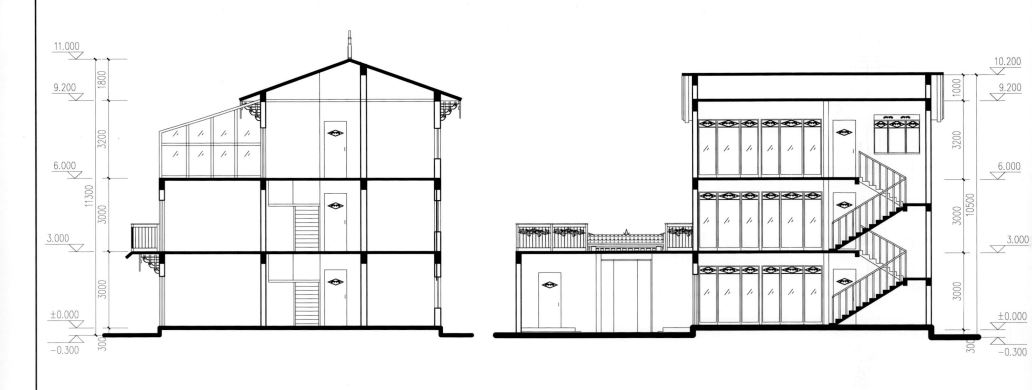

11.000

1800

9.200

3200

6.000

11300

3000

3.000

3000

±0.000

-0.300

300

10.200

1000

9.200

3200

6.000

10500

3000

3.000

3000

±0.000

-0.300

300

1-1剖面图

2-2剖面图

| 彝族绿色农房方案图 | 图　名 | 1-1剖面图　2-2剖面图 | 方案 | 15 |
| | 图片来源 | 秦雅菲绘制 | | |

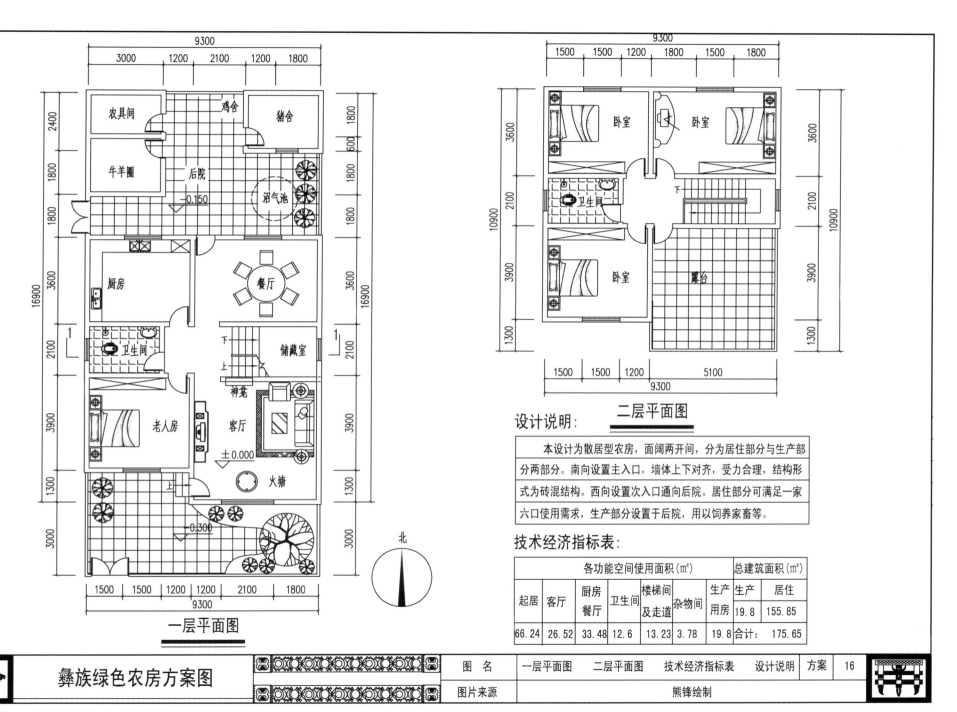

一层平面图

二层平面图

设计说明：

本设计为散居型农房，面阔两开间，分为居住部分与生产部分两部分。南向设置主入口，墙体上下对齐，受力合理，结构形式为砖混结构。西向设置次入口通向后院。居住部分可满足一家六口使用需求，生产部分设置于后院，用以饲养家畜等。

技术经济指标表：

各功能空间使用面积（㎡）						总建筑面积（㎡）		
起居	客厅	厨房餐厅	卫生间	楼梯间及走道	杂物间	生产用房	生产	居住
66.24	26.52	33.48	12.6	13.23	3.78	19.8	19.8	155.85
							合计：	175.65

彝族绿色农房方案图		图 名	一层平面图　二层平面图　技术经济指标表	设计说明	方案	16
		图片来源	熊锋绘制			

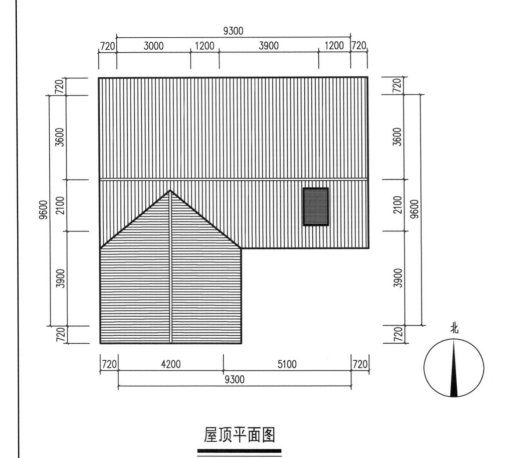

屋顶平面图

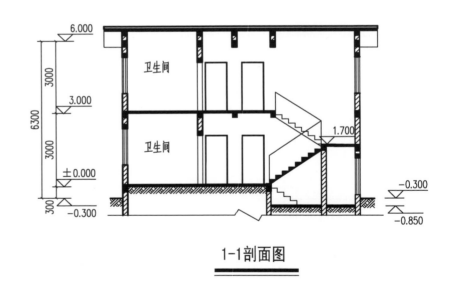

1-1剖面图

彝族绿色农房方案图

图 名	屋顶平面图　　1-1剖面图	方案	16
图片来源	熊锋绘制		

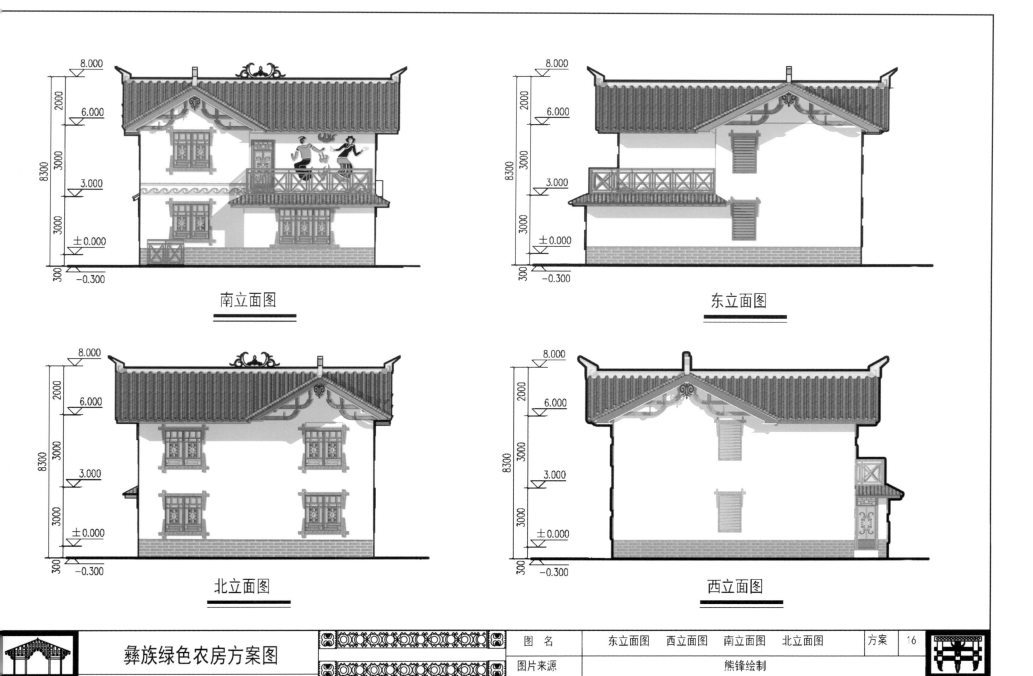

南立面图

东立面图

北立面图

西立面图

图　名	东立面图　西立面图　南立面图　北立面图	方案	16
图片来源	熊锋绘制		

彝族绿色农房方案图

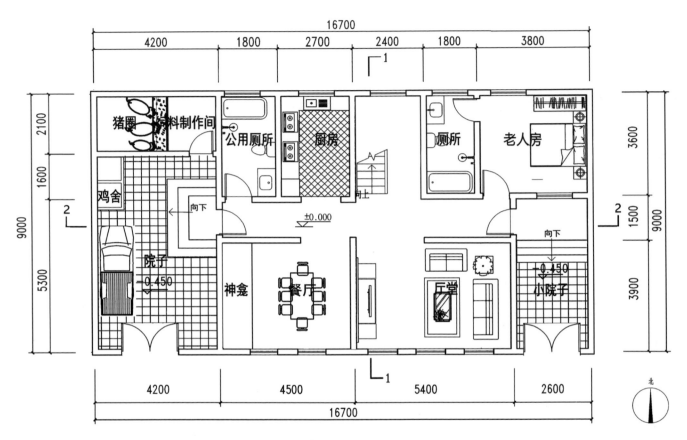

一层平面图

技术经济指标表:

各功能空间使用面积(m²)							总建筑面积(m²)	
起居	客厅	厨房	卫生间	餐厅	楼梯间及走道	牲畜用房	生产	居住
							10.5	259.3
21.6	21.6	9.8	32.4	17.6	60.3	10.5	合计：269.8	

设计说明:

　　本设计适合单户进深小于10m以下的用地，属于农牧型小进深中面宽的农房，东西向布置前后院，后院设置停车场以及牲畜养殖区，方便生活与农牧，建筑体型系数小，辅助用房布置于四周，以减少能耗。并继承与发扬彝族地方性建筑历史文化，体现彝族特色。

	彝族绿色农房方案图		图　名	技术经济指标表　设计说明　一层平面图	方案	17	
			图片来源	唐超绘制			

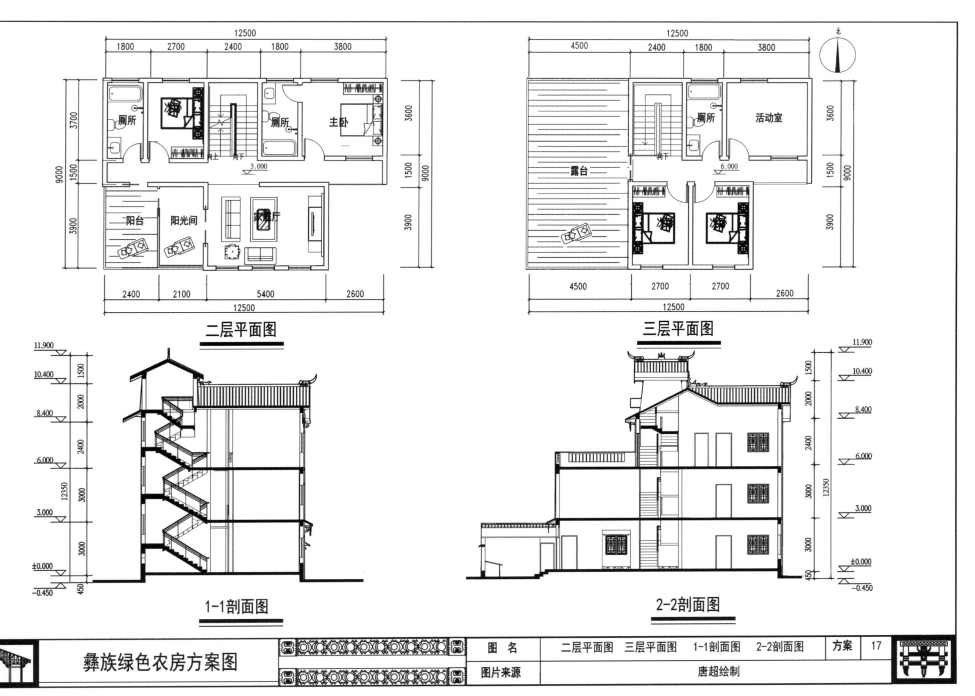

二层平面图

三层平面图

1-1剖面图

2-2剖面图

图 名	二层平面图　三层平面图　1-1剖面图　2-2剖面图	方案	17
图片来源	唐超绘制		

彝族绿色农房方案图

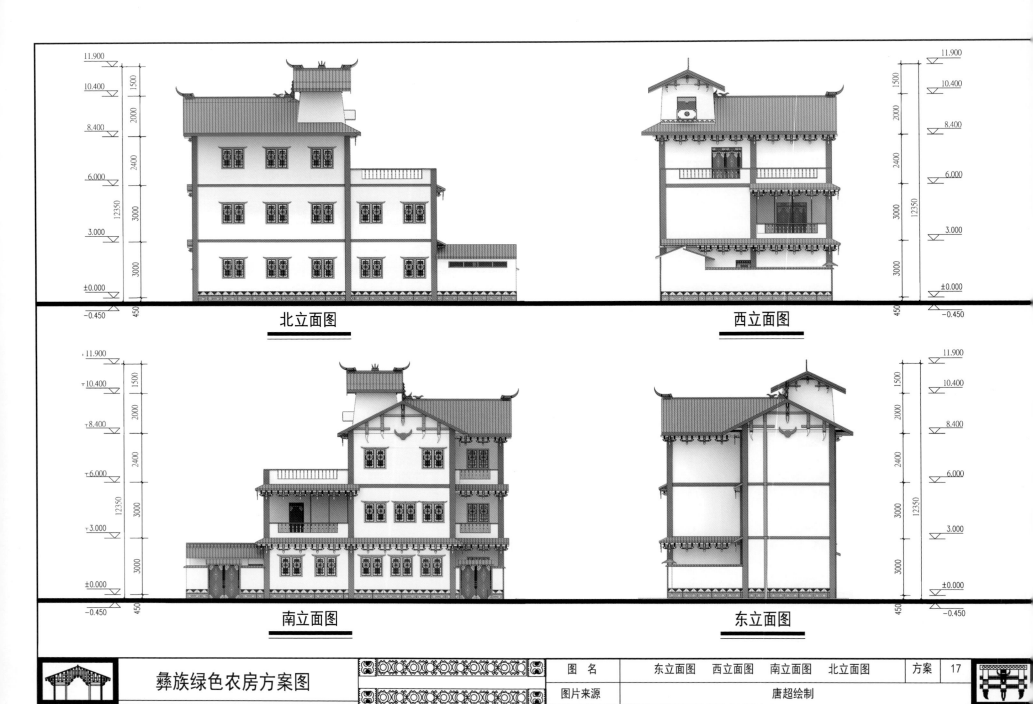

北立面图

西立面图

南立面图

东立面图

| 彝族绿色农房方案图 | | 图　名 | 东立面图　西立面图　南立面图　北立面图 | 方案 | 17 |
| | | 图片来源 | 唐超绘制 | | |

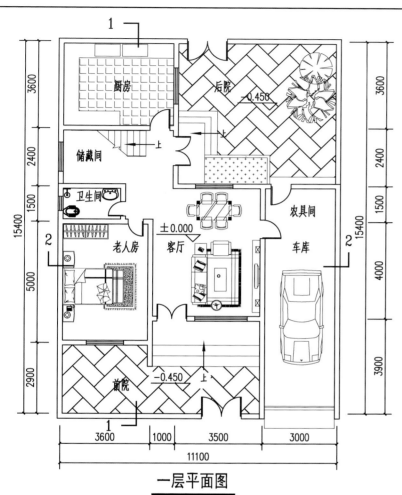

一层平面图

二层平面图

设计说明：

　　本设计适用宽10～15米用地，为散居型住宅。建筑南向设置主要出入口及车库，北向设置生产出入口。建筑为两层住宅，建筑居住对象主要为务工家庭，设计有较宽敞起居空间及家用车库，通过室内楼梯组织空间，房间布局紧凑，建筑采光充足，通风良好。

技术经济指标表：

各功能空间使用面积（m²）							总面积（m²）	
客厅	餐厅	厨房	卫生间	楼梯间及走道	车库及储藏间	生产用房	建筑	院落
							194.1	57.1
17.1	8.7	14.9	6.4	6.90	26.6	9.82	合计：	251.2

彝族绿色农房方案图

图 名	设计说明　技术经济指标表　一层平面图　二层平面图	方案	18
图片来源	任静绘制		

西立面图

北立面图

东立面图

南立面图

图 名	东立面图　西立面图　南立面图　北立面图	方案	18
图片来源	任静绘制		

彝族绿色农房方案图

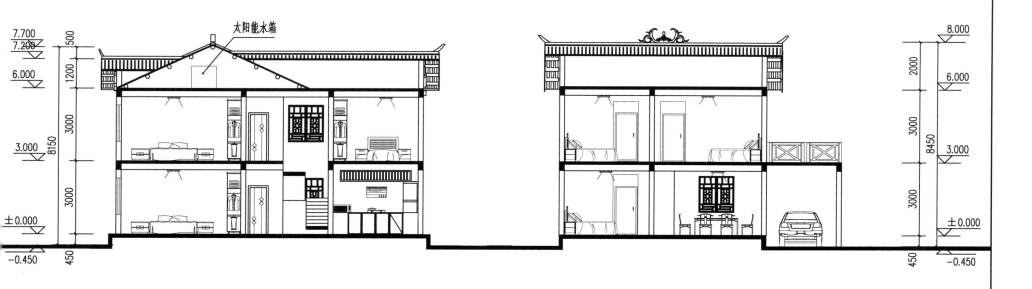

太阳能水箱

7.700
7.200
6.000
3.000
±0.000
−0.450

500
1200
3000
3000
450
8150

8.000

2000
3000
3000
450
8450

6.000

3.000

±0.000

−0.450

1-1剖面图

2-2剖面图

彝族绿色农房方案图

图 名	1-1剖面图 2-2剖面图	方案	18
图片来源	任静绘制		

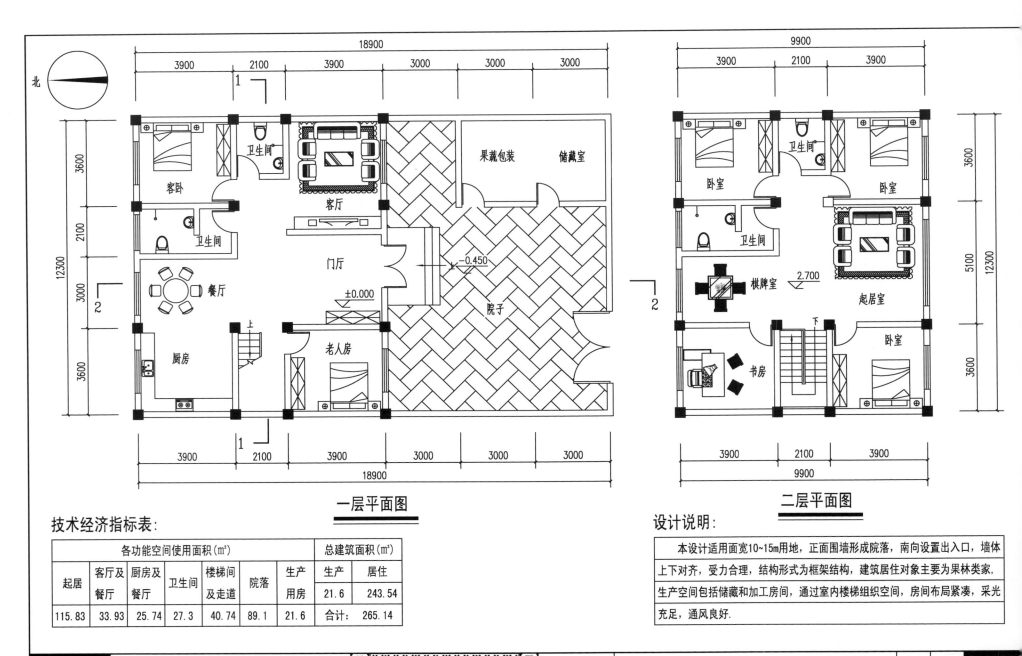

一层平面图

二层平面图

技术经济指标表:

各功能空间使用面积(m²)							总建筑面积(m²)	
起居	客厅及餐厅	厨房及餐厅	卫生间	楼梯间及走道	院落	生产用房	生产	居住
							21.6	243.54
115.83	33.93	25.74	27.3	40.74	89.1	21.6	合计:	265.14

设计说明:

本设计适用面宽10~15m用地,正面围墙形成院落,南向设置出入口,墙体上下对齐,受力合理,结构形式为框架结构,建筑居住对象主要为果林类家,生产空间包括储藏和加工房间,通过室内楼梯组织空间,房间布局紧凑,采光充足,通风良好.

彝族绿色农房方案图		图 名	设计说明 技术经济指标表 一层平面图 二层平面图	方案 19
		图片来源	杨毅绘制	

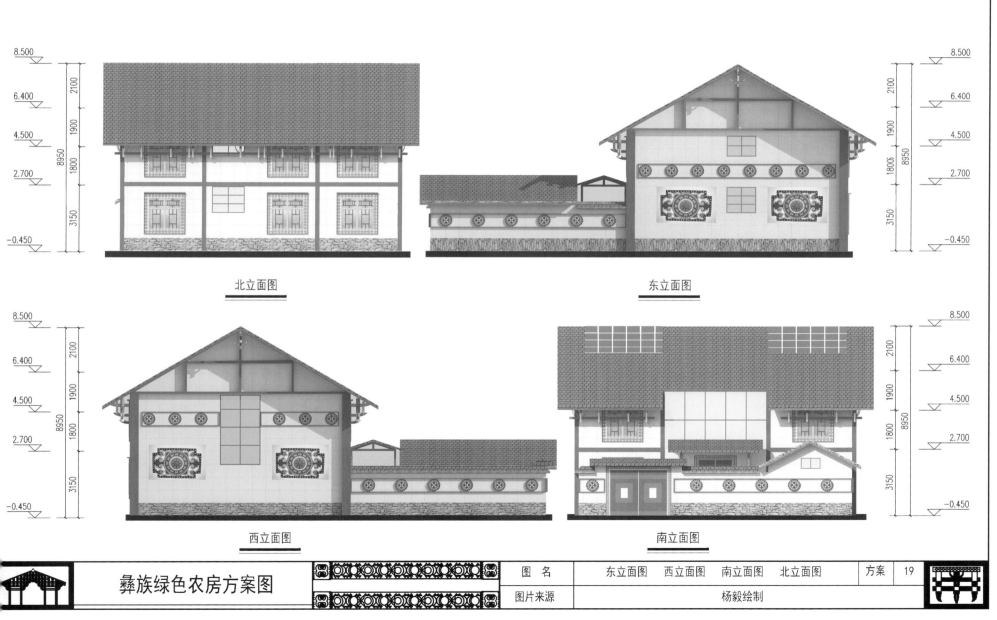

北立面图

东立面图

西立面图

南立面图

彝族绿色农房方案图		图　名	东立面图　西立面图　南立面图　北立面图	方案	19
		图片来源	杨毅绘制		

8.500

2100

6.400

1900

4.500

8950

1800

2.700

3150

−0.450

1-1剖面图

8.500

2100

6.400

1900

4.500

8950

1800

2.700

3150

−0.450

8.500

2100

6.400

1900

4.500

8950

1800

2.700

3150

−0.450

2-2剖面图

8.500

2100

6.400

1900

4.500

8950

1800

2.700

3150

−0.450

| 彝族绿色农房方案图 | 图　名 | 1-1剖面图　2-2剖面图 | 方案 | 19 |
| | 图片来源 | 杨毅绘制 | | |

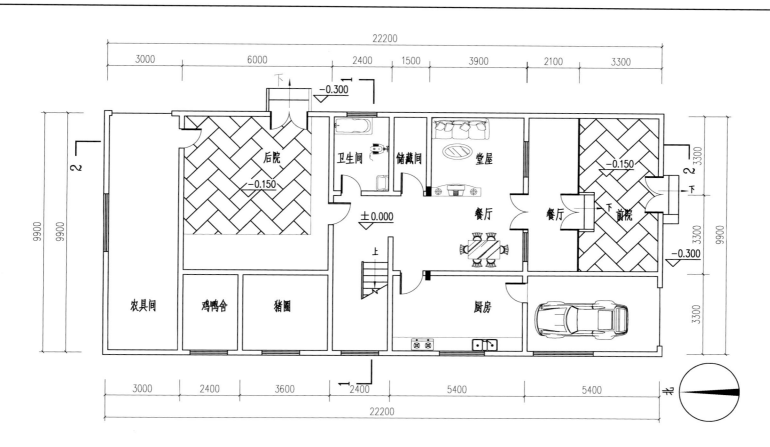

一层平面图

技术经济指标表：

各功能空间使用面积（m²）							总建筑面积（m²）	
起居	客厅	厨房	卫生间	楼梯间及走道	车库及储藏间	生产用房	生产	居住
							77.22	229.68
25.74	25.74	17.82	23.76	62.37	27.72	49.5	合计：306.9	

设计说明：

　　本设计适用进深15m以上用地，建筑北边为后勤出入口，正面围墙形成院落，南向设置出入口，墙体上下对齐，受力合理，结构形式为砖混结构，建筑居住对象主要为农牧家庭，生产空间包括储藏和饲养房间，通过室内楼梯组织空间，房间布局紧凑，建筑采光充足，通风良好。

彝族绿色农房方案图

图　名	设计说明　技术经济指标表　一层平面图	方案	20
图片来源	张星月绘制		

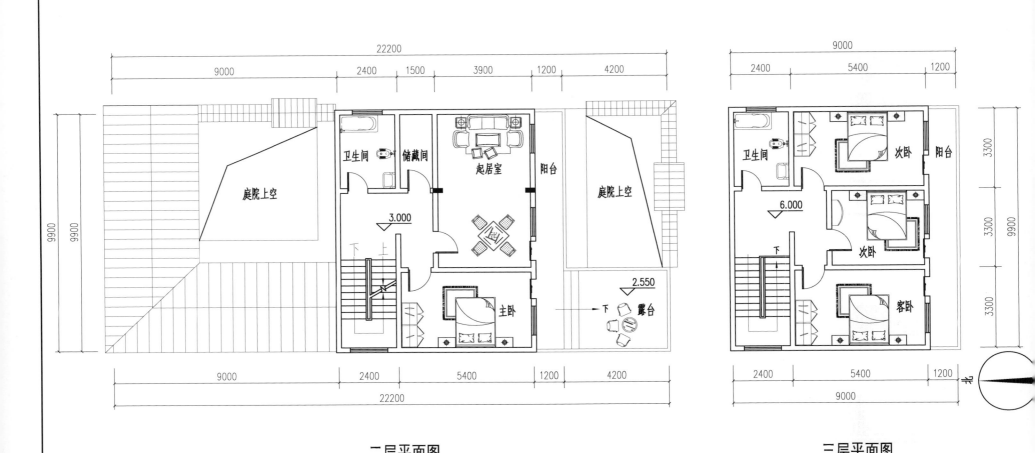

二层平面图

三层平面图

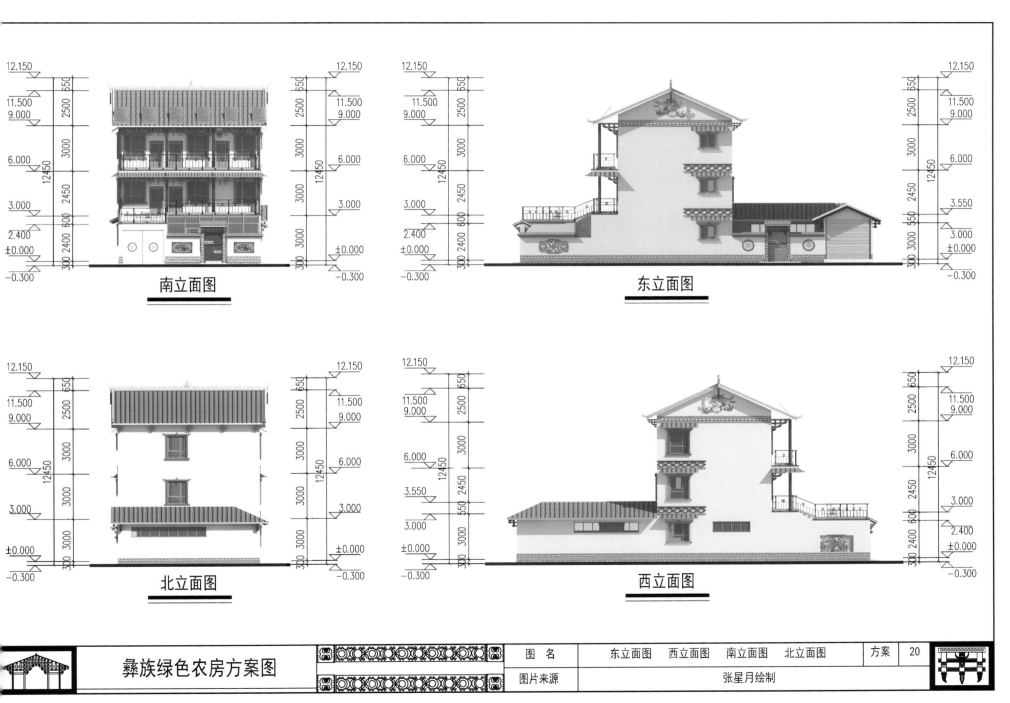

南立面图

东立面图

北立面图

西立面图

彝族绿色农房方案图

| 图 名 | 东立面图 西立面图 南立面图 北立面图 | 方案 | 20 |
| 图片来源 | 张星月绘制 | | |

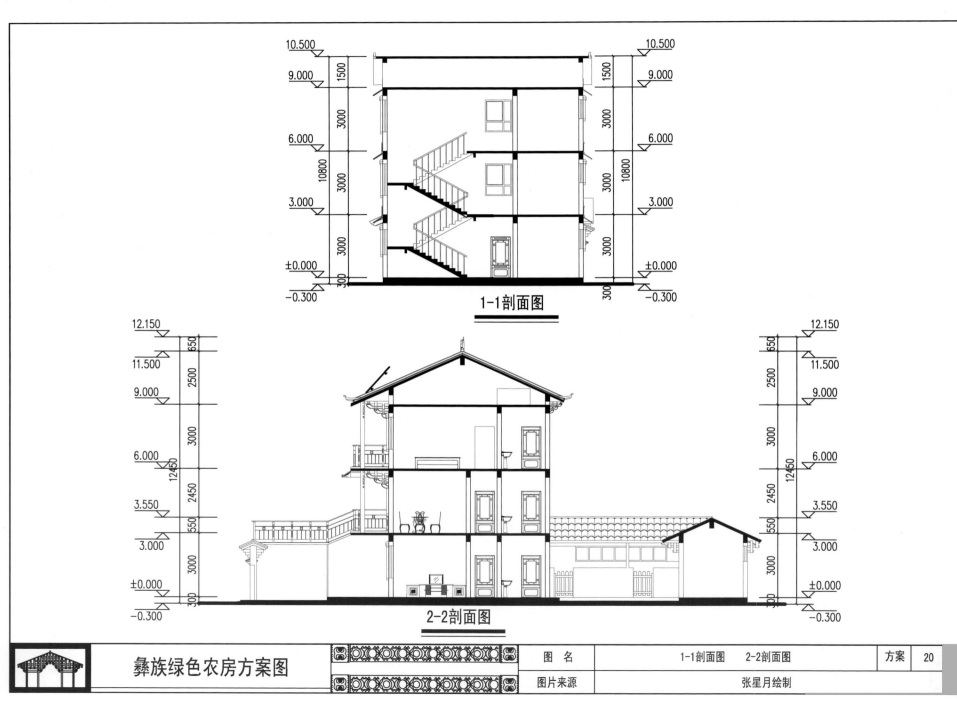

1-1剖面图

2-2剖面图

| 图 名 | 1-1剖面图　2-2剖面图 | 方案 | 20 |

彝族绿色农房方案图

| 图片来源 | 张星月绘制 |

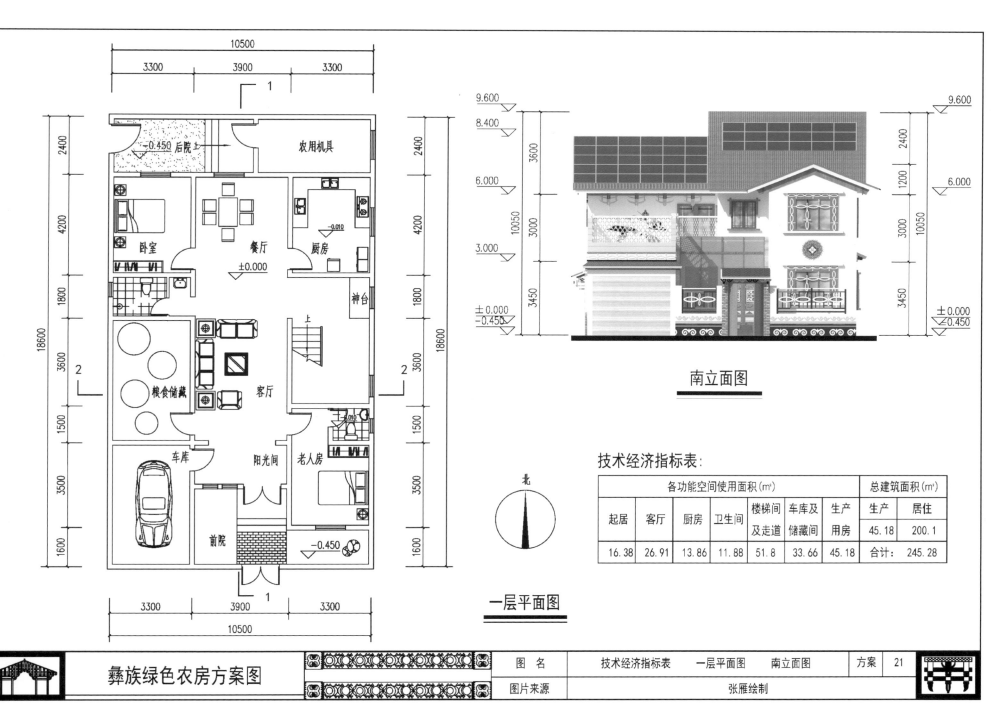

彝族绿色农房方案图

一层平面图

南立面图

技术经济指标表:

各功能空间使用面积(m²)							总建筑面积(m²)	
起居	客厅	厨房	卫生间	楼梯间及走道	车库及储藏间	生产用房	生产	居住
							45.18	200.1
16.38	26.91	13.86	11.88	51.8	33.66	45.18	合计:	245.28

图 名	技术经济指标表　一层平面图　南立面图	方案	21
图片来源	张雁绘制		

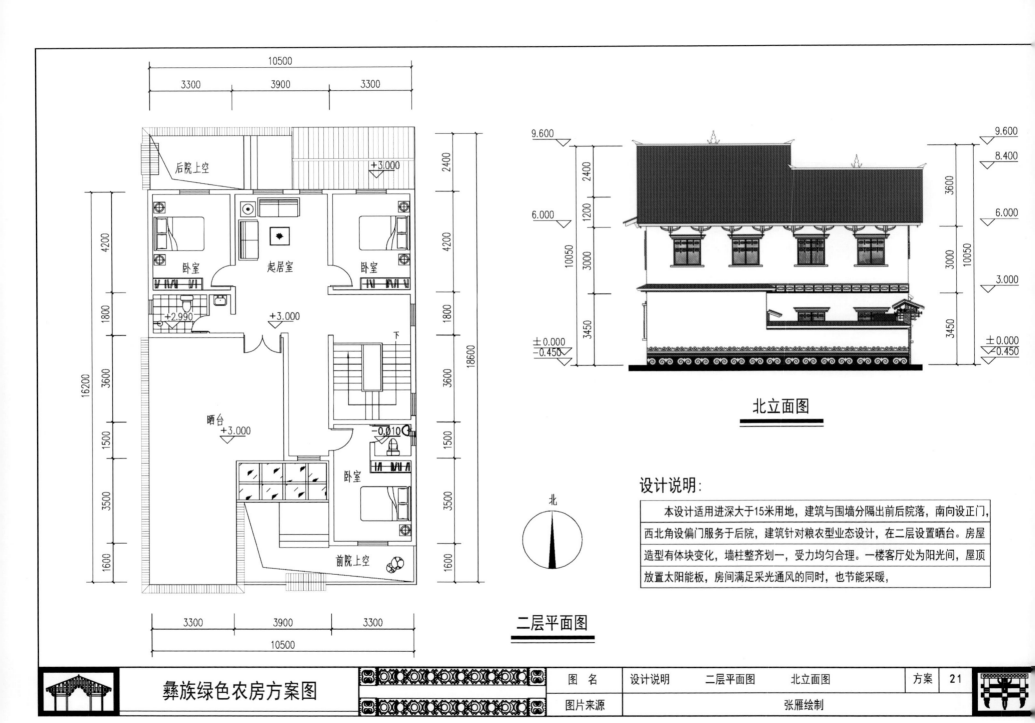

北立面图

设计说明：

本设计适用进深大于15米用地，建筑与围墙分隔出前后院落，南向设正门，西北角设偏门服务于后院，建筑针对粮农型业态设计，在二层设置晒台。房屋造型有体块变化，墙柱整齐划一，受力均匀合理。一楼客厅处为阳光间，屋顶放置太阳能板，房间满足采光通风的同时，也节能采暖，

二层平面图

后院上空
+3.000
卧室
起居室
卧室
+2.990
+3.000
晒台
+3.000
-0.010
卧室
前院上空

北

| 图 名 | 设计说明 | 二层平面图 | 北立面图 | 方案 | 21 |
| 图片来源 | | 张雁绘制 | | | |

彝族绿色农房方案图

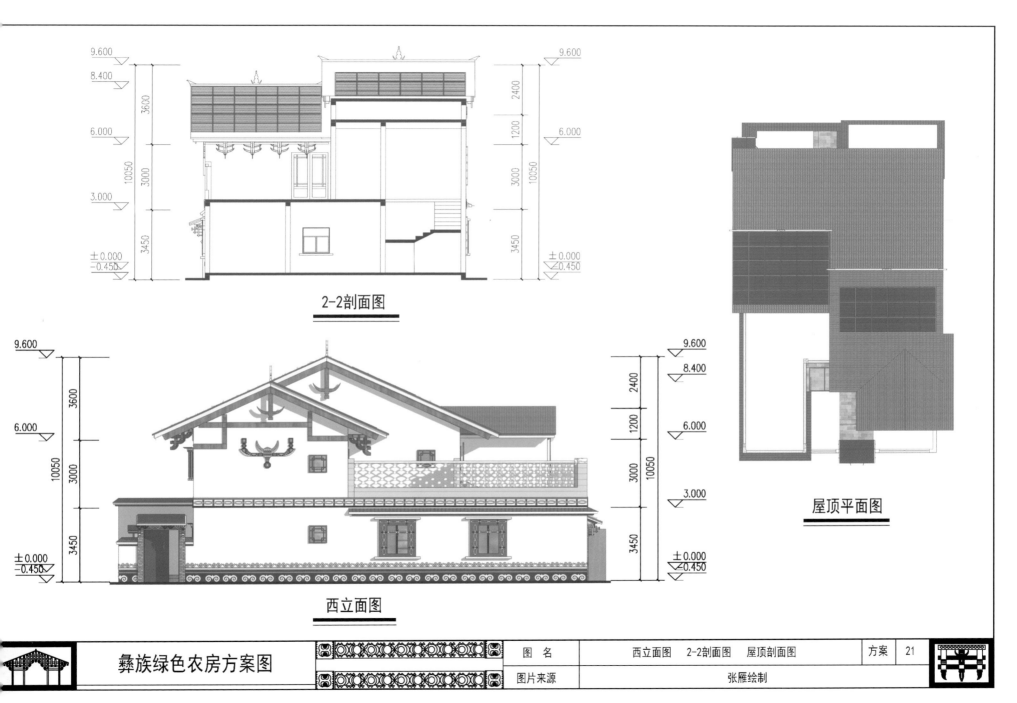

2-2剖面图

西立面图

屋顶平面图

彝族绿色农房方案图		图 名	西立面图　2-2剖面图　屋顶剖面图	方案	21
		图片来源	张雁绘制		

— 111 —

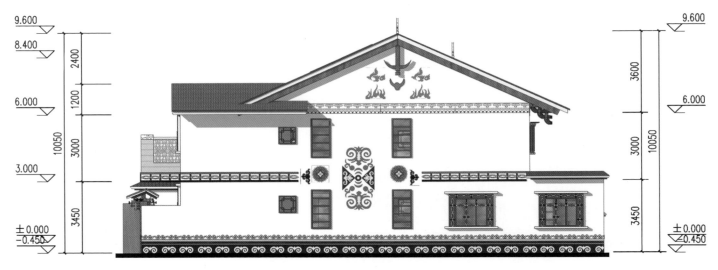

9.600
8.400
2400
6.000
1200
10050
3000
3.000
3450
±0.000
−0.450

9.600
3600
6.000
3000
10050
3450
±0.000
−0.450

东立面图

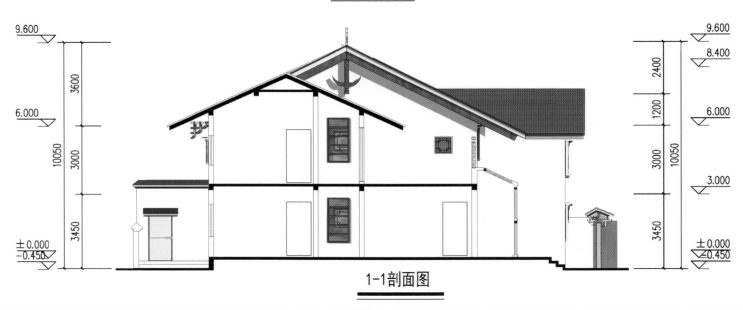

9.600
3600
6.000
3000
10050
3450
±0.000
−0.450

9.600
8.400
2400
1200
6.000
3000
10050
3.000
3450
±0.000
−0.450

1—1剖面图

| 彝族绿色农房方案图 | | 图　名 | 东立面图　　1—1剖面图 | 方案 | 21 |
| | | 图片来源 | 张雁绘制 | | |

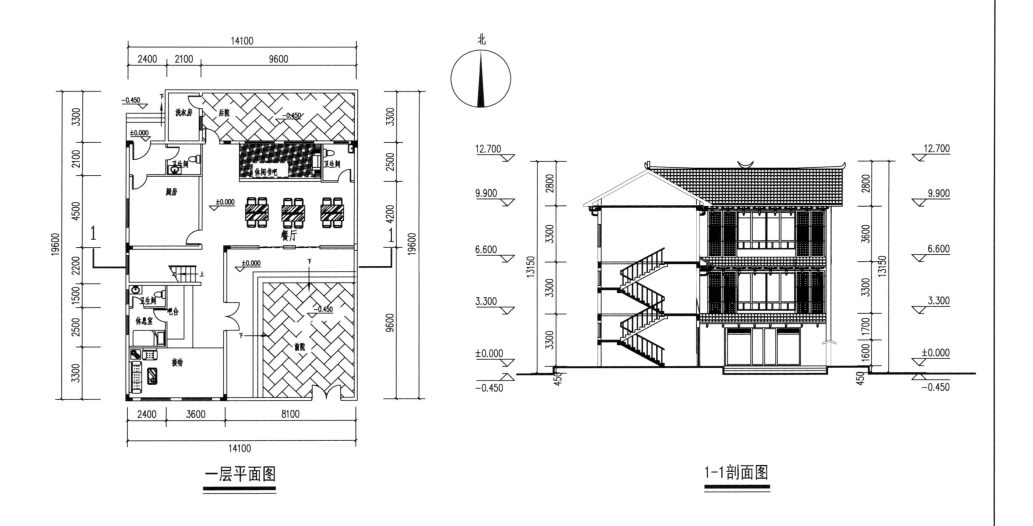

一层平面图

1-1剖面图

 彝族绿色农房方案图

| 图 名 | 一层平面图　剖面图 | 方案 | 22 |

| 图片来源 | 赵川绘制 |

北

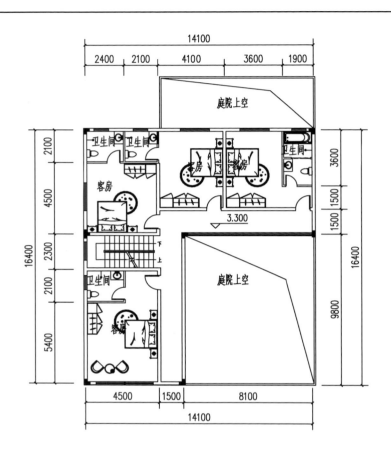

二层平面图

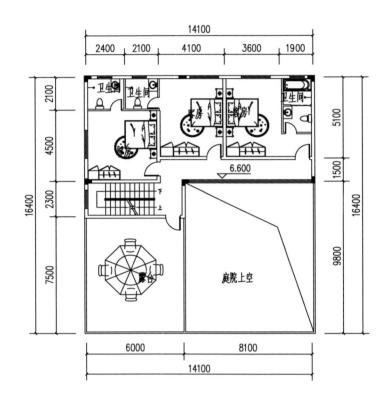

三层平面图

技术经济指标表:

各功能空间使用面积(m²)					总建筑面积(m²)
接待	餐厅	厨房	客房	楼梯间及其他	合计: 429.8
44.4	64	32.4	195.8	93.2	

设计说明:

　　基于当地的特色景区，因地制宜地设计出符合当地特色的独立型民宿。建筑南向设置出入口，北边为后勤出入口，正面围墙形成彝族民居式院落，既呼应了彝族特色布局，也是民宿共享空间的打造，二者有机结合，创造出合乎形体与功能的彝族风情现代建筑。

彝族绿色农房方案图		图 名	技术经济指标表　设计说明　二层平面图　三层平面图	方案	22
		图片来源	赵川绘制		

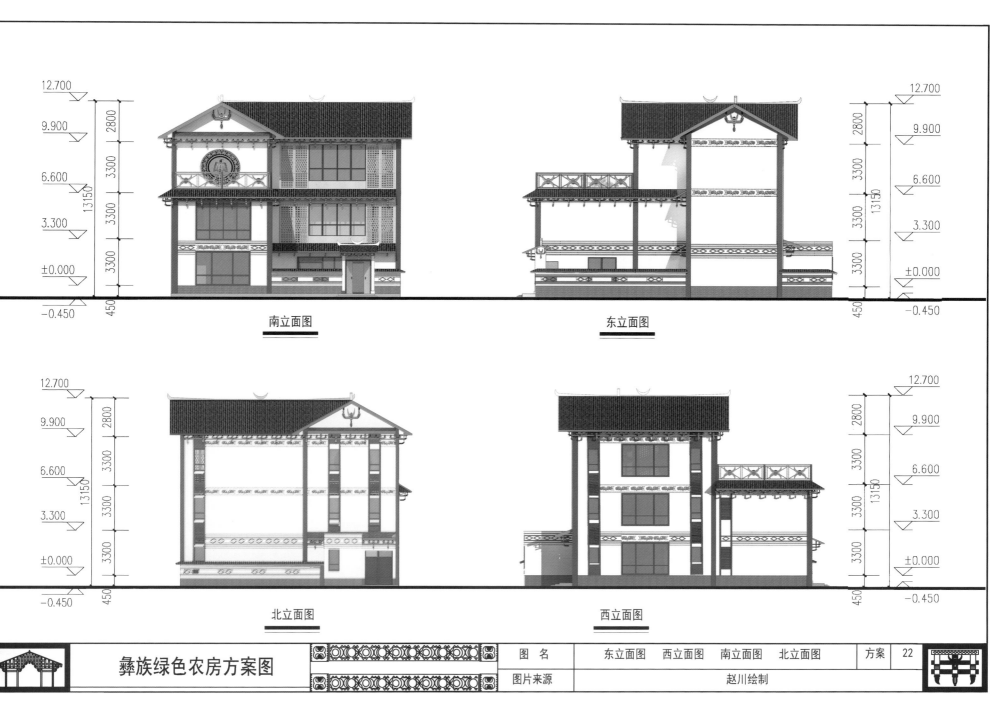

南立面图

东立面图

北立面图

西立面图

彝族绿色农房方案图		图　名	东立面图　西立面图　南立面图　北立面图	方案	22
		图片来源	赵川绘制		

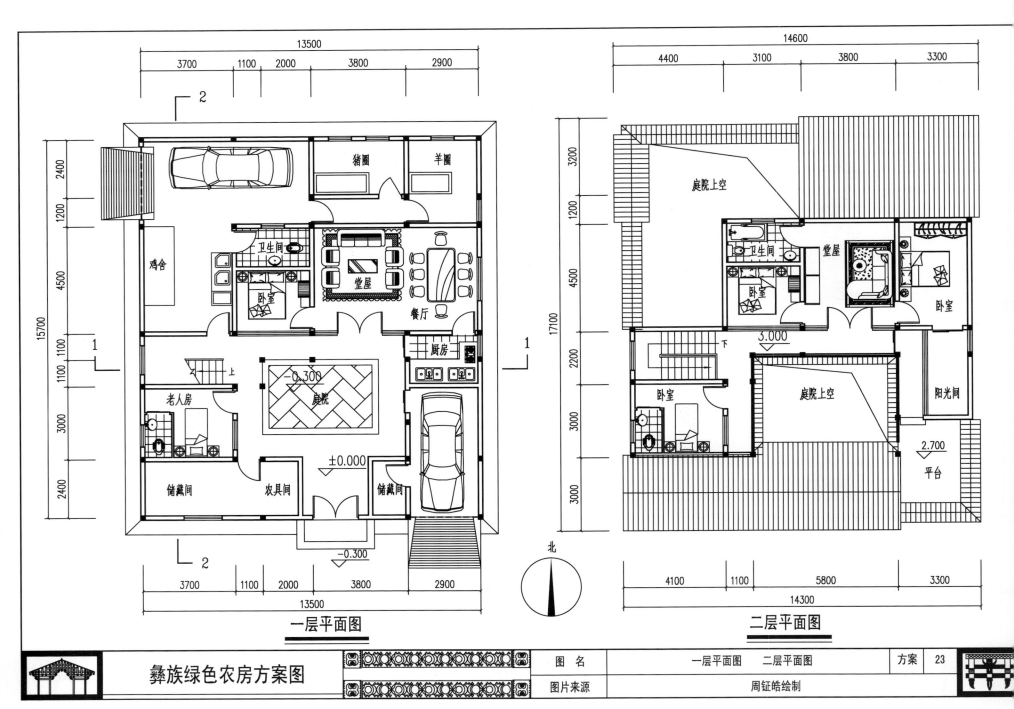

一层平面图

二层平面图

图 名	一层平面图　二层平面图	方案	23
彝族绿色农房方案图			
图片来源	周钲皓绘制		

一层平面图中标注：
猪圈　羊圈
卫生间　堂屋
鸡舍　卧室
餐厅
厨房
－0.300　庭院
老人房　上
储藏间　农具间　储藏间
±0.000
－0.300

二层平面图中标注：
庭院上空
卫生间　堂屋
卧室　卧室
3.000
卧室　庭院上空　阳光间
2.700
平台

北

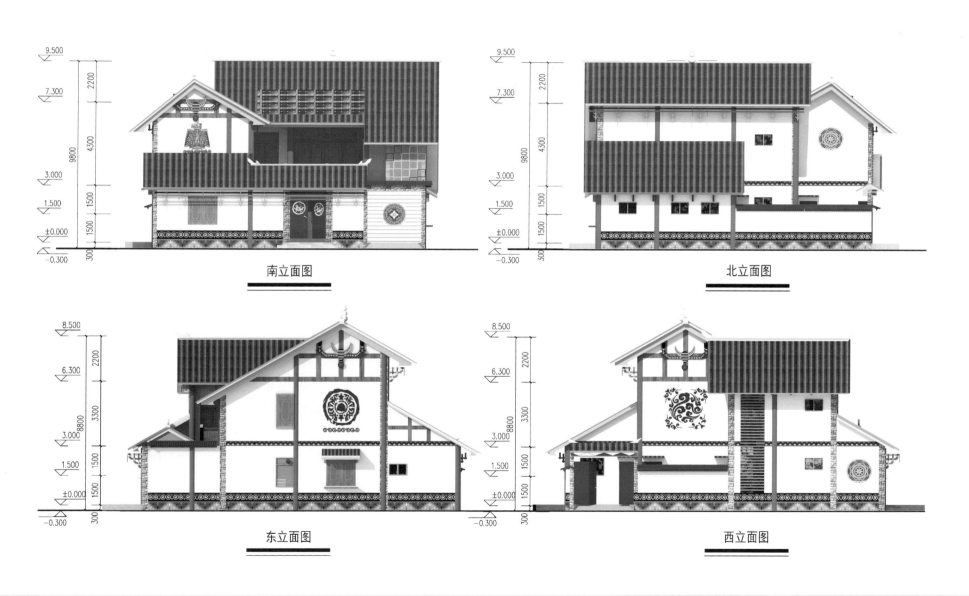

南立面图

北立面图

东立面图

西立面图

图 名	东立面图　西立面图　南立面图　北立面图	方案	23
图片来源	周钲皓绘制		

彝族绿色农房方案图

— 117 —

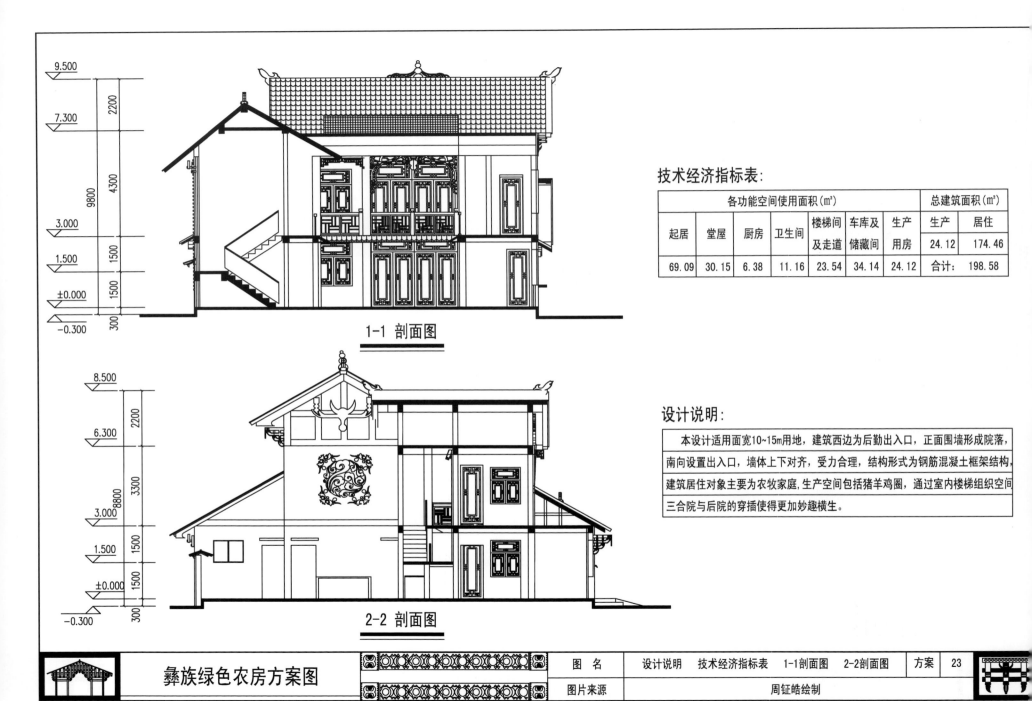

技术经济指标表：

各功能空间使用面积（m²）							总建筑面积（m²）	
起居	堂屋	厨房	卫生间	楼梯间及走道	车库及储藏间	生产用房	生产	居住
							24.12	174.46
69.09	30.15	6.38	11.16	23.54	34.14	24.12	合计：	198.58

1-1 剖面图

2-2 剖面图

设计说明：

　　本设计适用面宽10~15m用地，建筑西边为后勤出入口，正面围墙形成院落，南向设置出入口，墙体上下对齐，受力合理，结构形式为钢筋混凝土框架结构，建筑居住对象主要为农牧家庭，生产空间包括猪羊鸡圈，通过室内楼梯组织空间三合院与后院的穿插使得更加妙趣横生。

彝族绿色农房方案图		图 名	设计说明　技术经济指标表　1-1剖面图　2-2剖面图	方案	23
		图片来源	周钲皓绘制		

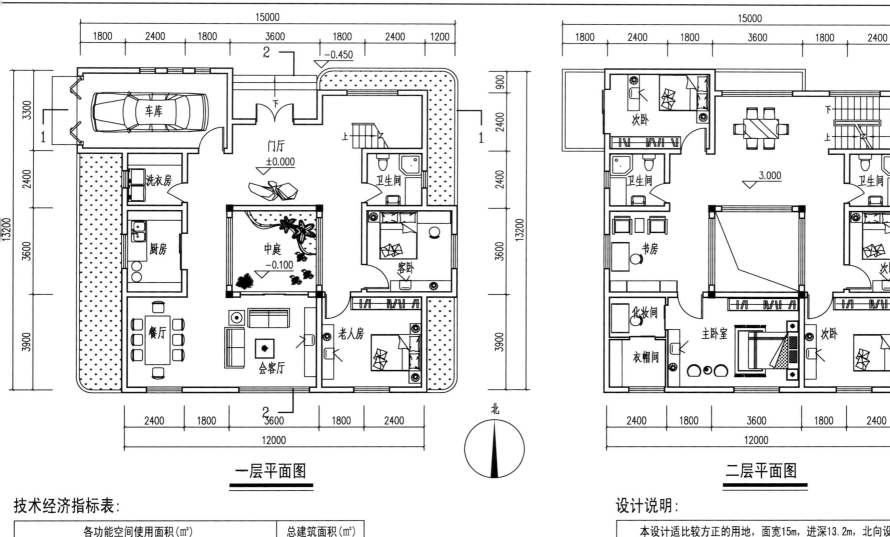

一层平面图

二层平面图

技术经济指标表:

各功能空间使用面积(m²)							总建筑面积(m²)	
起居	客厅	厨房	卫生间	楼梯间及走道	车库及储藏间	生产用房	生产	居住
0	27.7	7.3	14.0	69.1	17.6	22.3	22.3	215.7
							合计:	238.0

设计说明:

　　本设计适比较方正的用地,面宽15m,进深13.2m,北向设置出入口,墙体上下对齐,是两层的砖混结构,楼顶作为晒台,可以满足一家六口的生活起居,生产空间包括车库和储藏空间,室内通过楼梯和中庭竖向组织空间,房间布局紧凑合理,采光通风状况良好。

彝族绿色农房方案图

图　名	设计说明　技术经济指标表　一层平面图　二层平面图	方案	24
图片来源	叶伦源绘制		

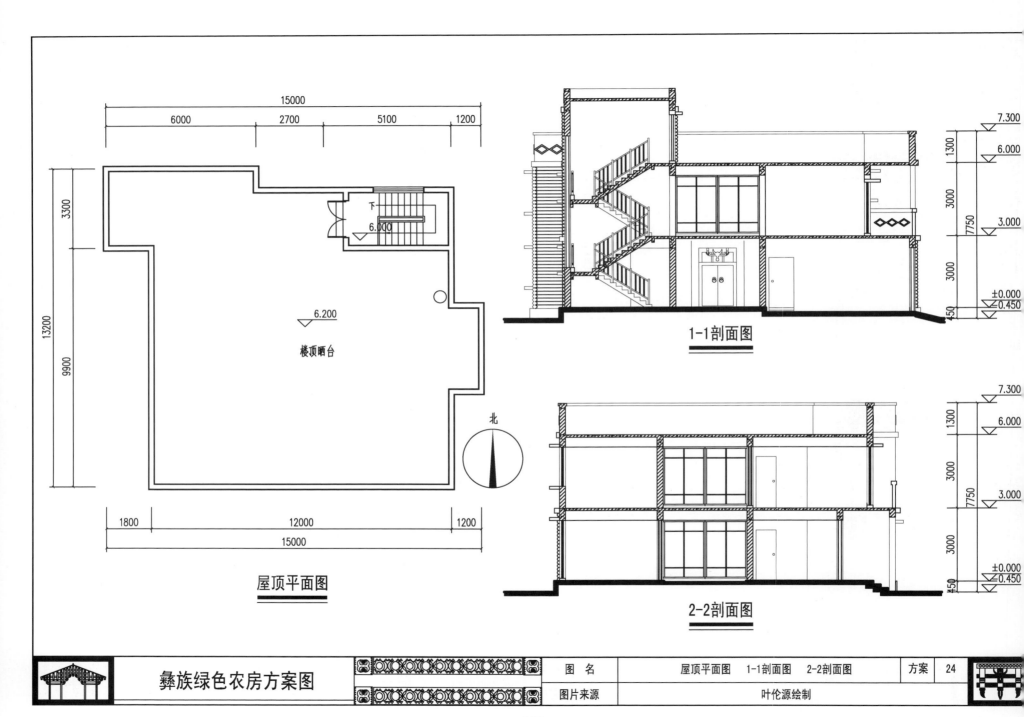

15000
6000 2700 5100 1200

3300
13200
9900

6.200
楼顶晒台

下
6.000

北

1800 12000 1200
15000

屋顶平面图

7.300
1300
6.000
3000
7750
3.000
3000
±0.000
450
-0.450

1-1剖面图

7.300
1300
6.000
3000
7750
3.000
3000
±0.000
450
-0.450

2-2剖面图

彝族绿色农房方案图		图 名	屋顶平面图　1-1剖面图　2-2剖面图	方案	24
		图片来源	叶伦源绘制		

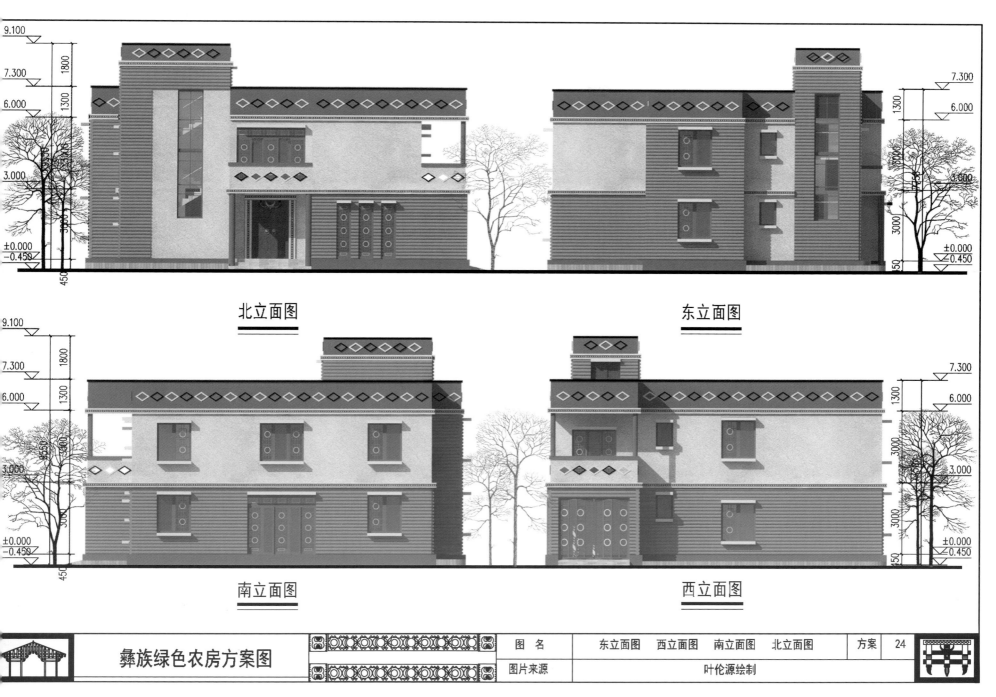

北立面图

东立面图

南立面图

西立面图

彝族绿色农房方案图	图　名	东立面图　西立面图　南立面图　北立面图	方案	24
	图片来源	叶伦源绘制		

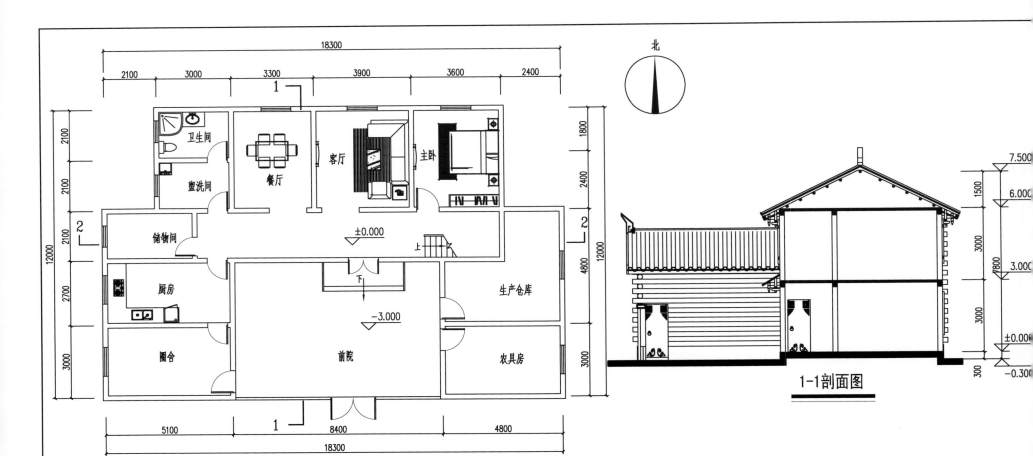

一层平面图

1-1剖面图

技术经济指标表:

各功能空间使用面积（m²）							总建筑面积（m²）	
起居	客厅	厨房	卫生间	楼梯间及走道	车库及储藏间	生产用房	生产	居住
							89.4	204.3
89	20.68	12.25	10.32	54.13	32.78	89.4	合计：279.34	

设计说明:

　　本方案为彝族新型木楞房设计，面积279.34m²，户型为5人，装饰构建运用大量木构架，借鉴彝族传统木建筑造型，屋顶选用灰瓦。整体建筑成品字形，借鉴"三房一照壁"样式，与正面围墙形成内庭，南向设置出入口，冬季可充分保暖，形成微气候。

彝族绿色农房方案图

图　名	设计说明　技术经济指标表　一层平面图　1-1剖面图	方案	25
图片来源	李娜绘制		

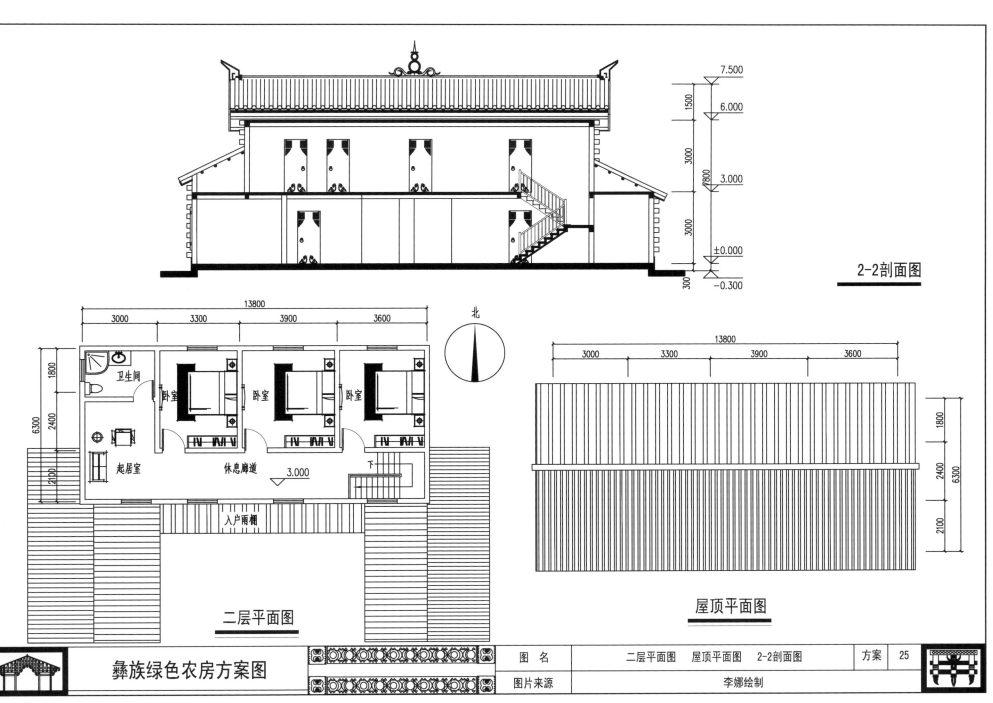

7.500

1500

6.000

3000

3000

±0.000

-0.300

300

2-2剖面图

13800

3000 3300 3900 3600

北

13800

3000 3300 3900 3600

卫生间

1800

卧室 卧室 卧室

2400

6300

起居室 休息廊道 3.000 下

2100

入户雨棚

二层平面图

1800

2400

6300

2100

屋顶平面图

彝族绿色农房方案图

图 名	二层平面图 屋顶平面图 2-2剖面图	方案	25
图片来源	李娜绘制		

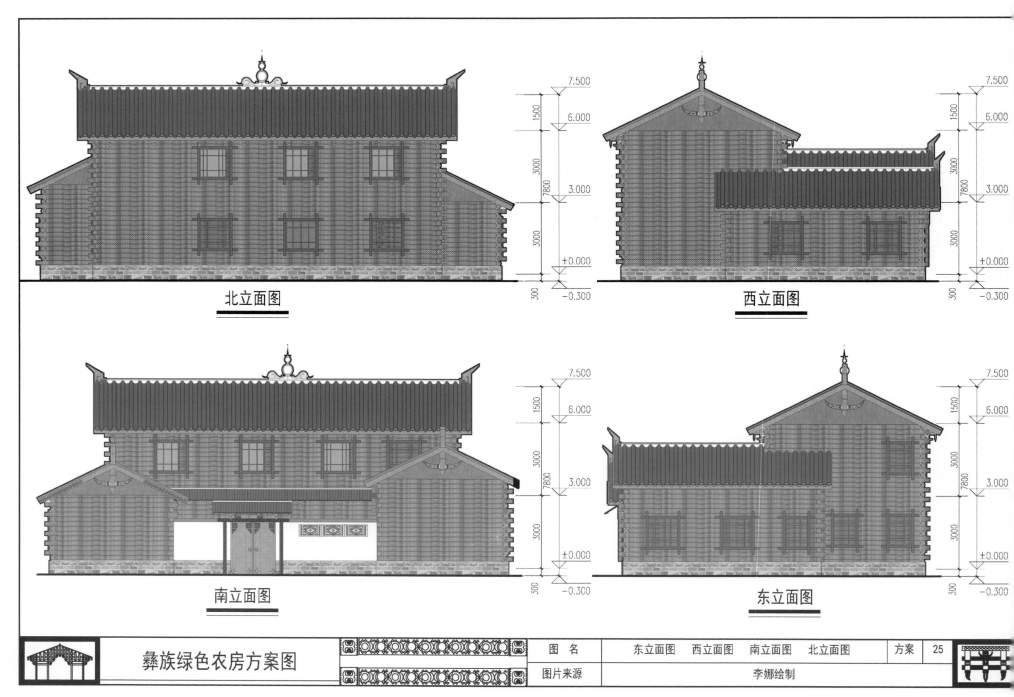

北立面图

西立面图

南立面图

东立面图

| 图 名 | 东立面图　西立面图　南立面图　北立面图 | 方案 | 25 |

彝族绿色农房方案图

| 图片来源 | 李娜绘制 |

— 124 —

北

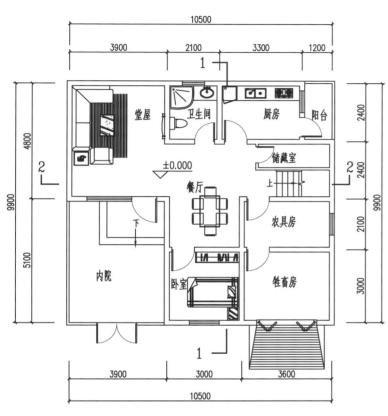

一层平面图

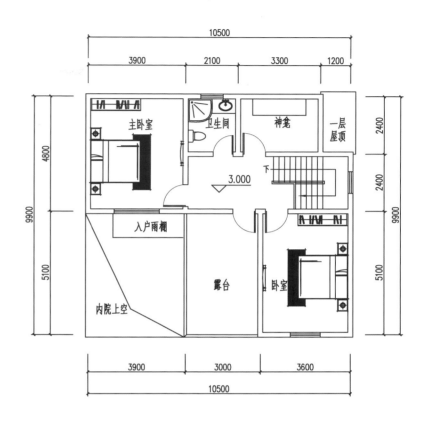

二层平面图

技术经济指标表:

各功能空间使用面积(m²)							总建筑面积(m²)	
起居	客厅	厨房	卫生间	楼梯间及走道	车库及储藏间	生产用房	生产	居住
							31.73	131.6
65.17	24.76	6.82	8.36	58.11	6.26	31.73	合计:	179.57

设计说明:

本方案为彝族新型木楞房设计,面积179.57㎡,建筑南向设置出入口,墙体上下对齐,受力均匀合理。横木交叠而成的木墙与彝族传统的淡黄色墙面有机的组成了建筑的外立面,墙身、墙檐的布局处理使整个建筑既均衡对称又富于变化,彝族传统的搁架是整个建筑应用最多的装饰。

彝族绿色农房方案图		图 名	设计说明 技术经济指标表 一层平面图 二层平面图	方案	26
		图片来源	项瑞麟绘制		

北立面图

西立面图

南立面图

东立面图

图 名	东立面图　西立面图　南立面图　北立面图	方案	26
彝族绿色农房方案图			
图片来源	项瑞麟绘制		

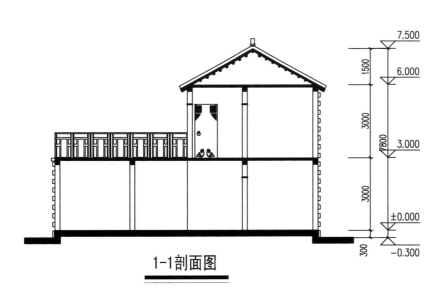

7.500
1500
6.000
3000
3.000
7800
3000
±0.000
300
−0.300

1-1剖面图

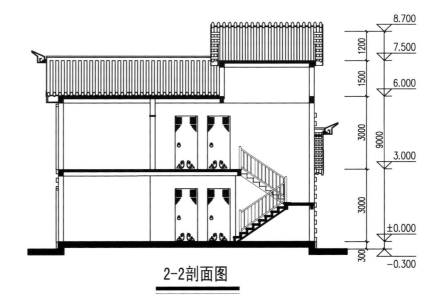

8.700
1200
7.500
1500
6.000
3000
9000
3.000
3000
±0.000
300
−0.300

2-2剖面图

彝族绿色农房方案图		图 名	1-1剖面图　2-2剖面图	方案	26
		图片来源	项瑞麟绘制		

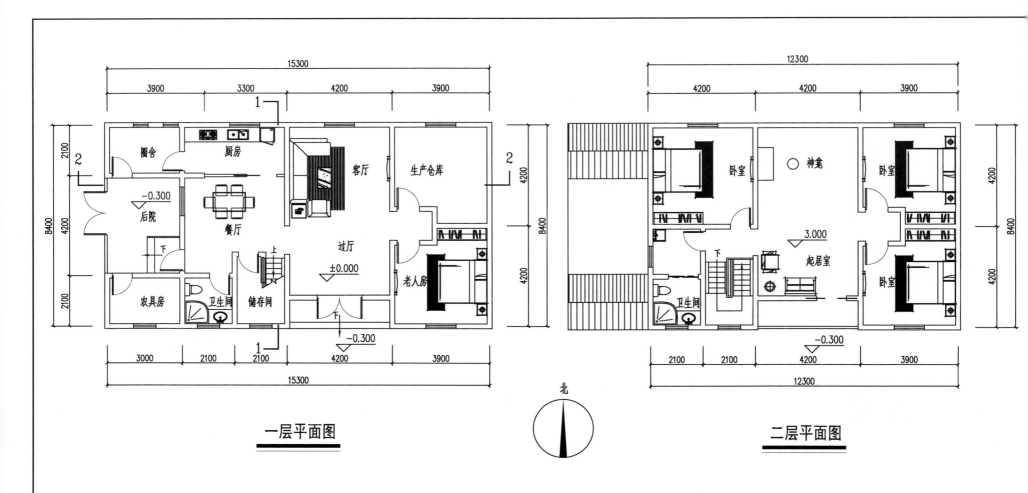

一层平面图

二层平面图

北

技术经济指标表:

各功能空间使用面积(m²)							总建筑面积(m²)	
起居	客厅	厨房	卫生间	楼梯间及走道	车库及储藏间	生产用房	生产	居住
							82.4	196.46
96.34	23.2	12.4	7.22	41.3	17.9	82.4	合计：251.06	

设计说明:

　　本方案为彝族新型青瓦房设计，面积251.06m²。本设计使用砌体结构承重，低价现实建造模式。主要采用的是彝族的火镰符号构件和彝族色彩——红、黄、蓝三色的运用，墙体颜色采取彝族民居常用色彩——淡黄色为主，用以呼应，以白红黑色为辅，用以活跃立面形象。

彝族绿色农房方案图

图　名	设计说明　技术经济指标表　一层平面图　二层平面图	方案	27
图片来源	李娜绘制		

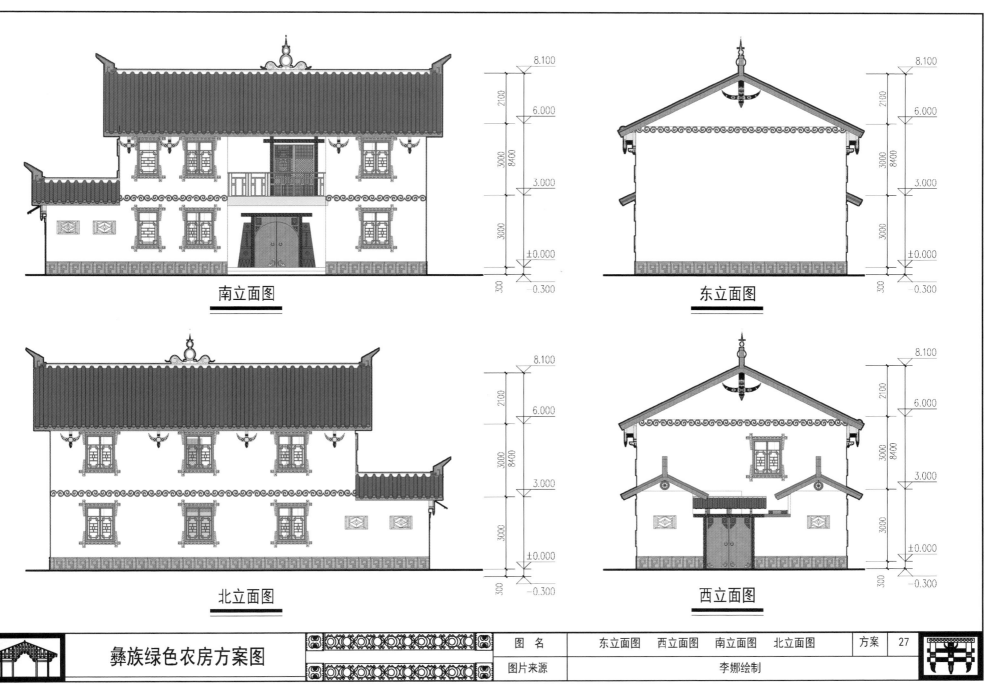

南立面图

东立面图

北立面图

西立面图

| 图 名 | 东立面图　西立面图　南立面图　北立面图 | 方案 | 27 |
彝族绿色农房方案图
| 图片来源 | 李娜绘制 |

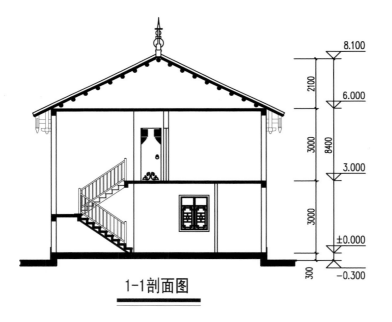

8.100

2100

6.000

3000

8400

3.000

3000

±0.000

300

-0.300

1-1剖面图

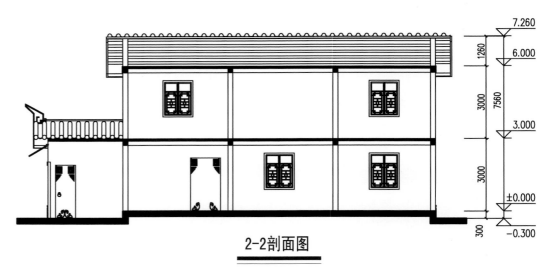

7.260

1260

6.000

3000

7560

3.000

3000

±0.000

300

-0.300

2-2剖面图

	图 名	1-1剖面图 2-2剖面图	方案	27
彝族绿色农房方案图	图片来源	李娜绘制		

第二节

聚居型

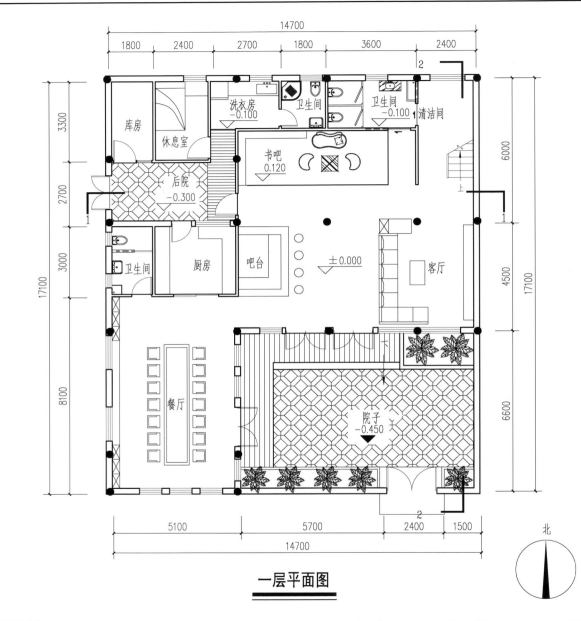

一层平面图

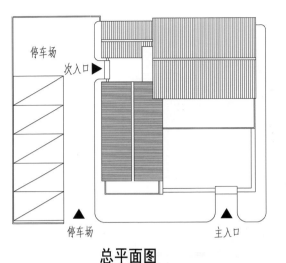

总平面图

设计说明:

  该方案为独立式民宿,为三层框架结构。方案设计两个院子, 前院为客人提供舒适的院景,后院用于后勤工作休憩,使流线分离。方案底层做大面积的公共活动空间,如书吧、客厅,且二层设置露台,让客人之间达到充分的交流和娱乐的同时,有最好的居住体验。

技术经济指标表:

各功能空间使用面积(m²)							总建筑面积(m²)	
大堂及公共空间	餐厅	厨房	卫生间	楼梯间及走道	车库及储藏间	生产用房	生产	居住
							14.30	323.3
64.4	32.3	12.4	43.37	51.8	9.0	5.30	合计:	337.6

彝族绿色农房方案图

图 名	技术经济指标表 设计说明 总平面图 一层平面图	方案	28
图片来源	徐益翔绘制		

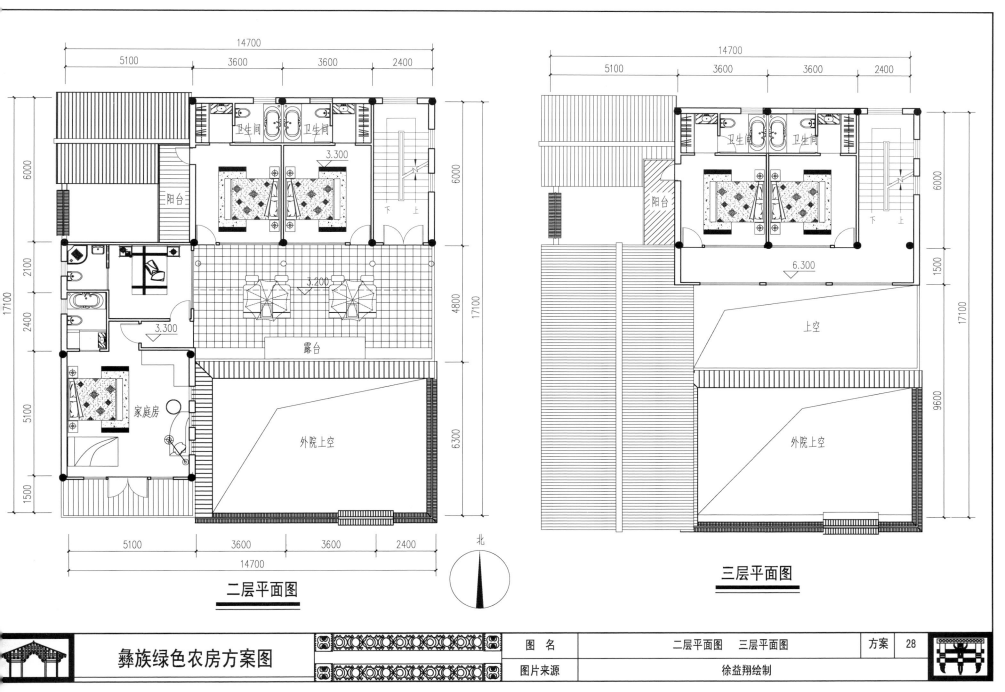

二层平面图

三层平面图

北

南立面图

西立面图

北立面图

东立面图

| 彝族绿色农房方案图 | 图 名 | 东立面图　西立面图　南立面图　北立面图 | 方案 | 28 |
| | 图片来源 | 徐益翔绘制 | | |

0.500
9.300
6.300
3.300
±0.000

1200
3000
3000
3300
450

11.270
9.300
4.800
±0.000
-0.450

2270
4500
3150
1650
450

太阳能水箱

1-1剖面图

2-2剖面图

彝族绿色农房方案图

图 名	1-1剖面图 2-2剖面图	方案	28
图片来源	徐益翔绘制		

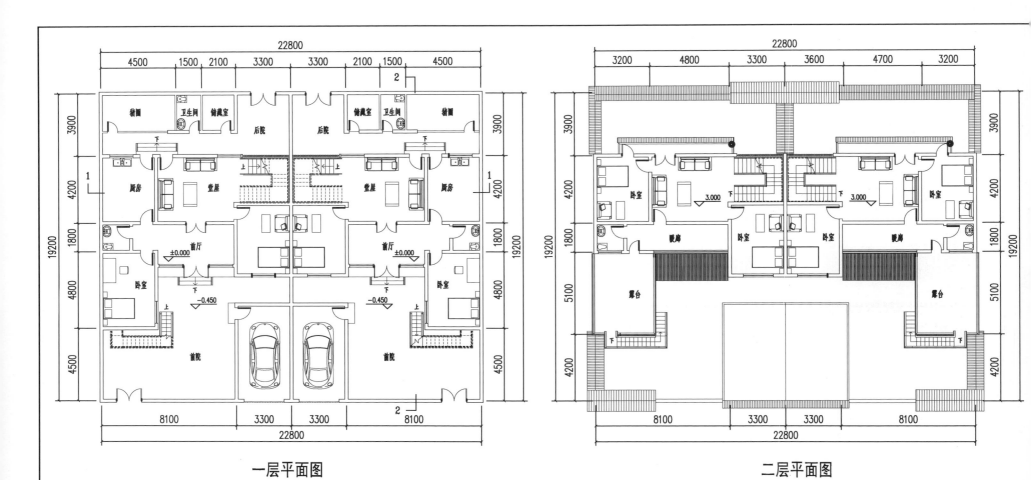

一层平面图

二层平面图

技术经济指标表:

各功能空间使用面积(m²)							总建筑面积(m²)	
起居	客厅	厨房	卫生间	楼梯间及走道	车库及储藏间	生产用房	生产	居住
							89.4	190.3
64.4	36	12.4	7.68	51.8	17.98	89.4	合计:	279.34

设计说明:

　　本设计适用大进深用地,属于聚居型双拼农房类型,前庭后院形式,前院设置车库,后院为次入口,主要用于农具类的出入,有利于建筑洁污分区。

　　本设计为居住型农房,主要由庭院与露台提供其晾晒需求,建筑体型系数大,房间布局舒适,建筑采光充足,通风良好。

彝族绿色农房方案图		图 名	设计说明　经济技术指标表　一层平面图　二层平面图	方案	29	
		图片来源	高小妮绘制			

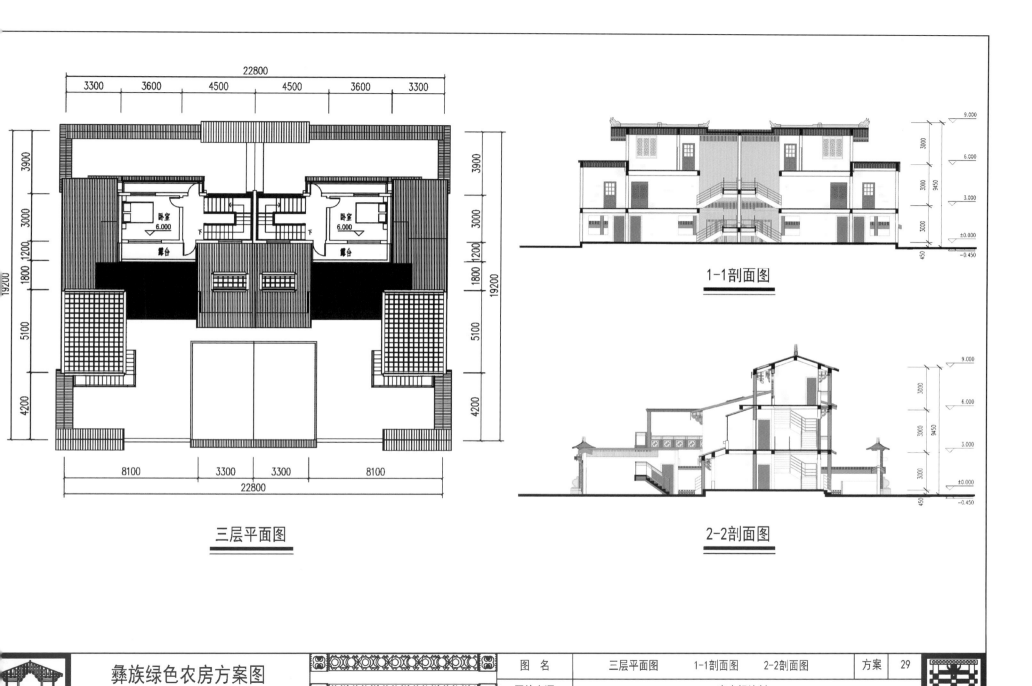

三层平面图

1-1剖面图

2-2剖面图

彝族绿色农房方案图

| 图　名 | 三层平面图　　1-1剖面图　　2-2剖面图 | 方案 | 29 |
| 图片来源 | 高小妮绘制 | | |

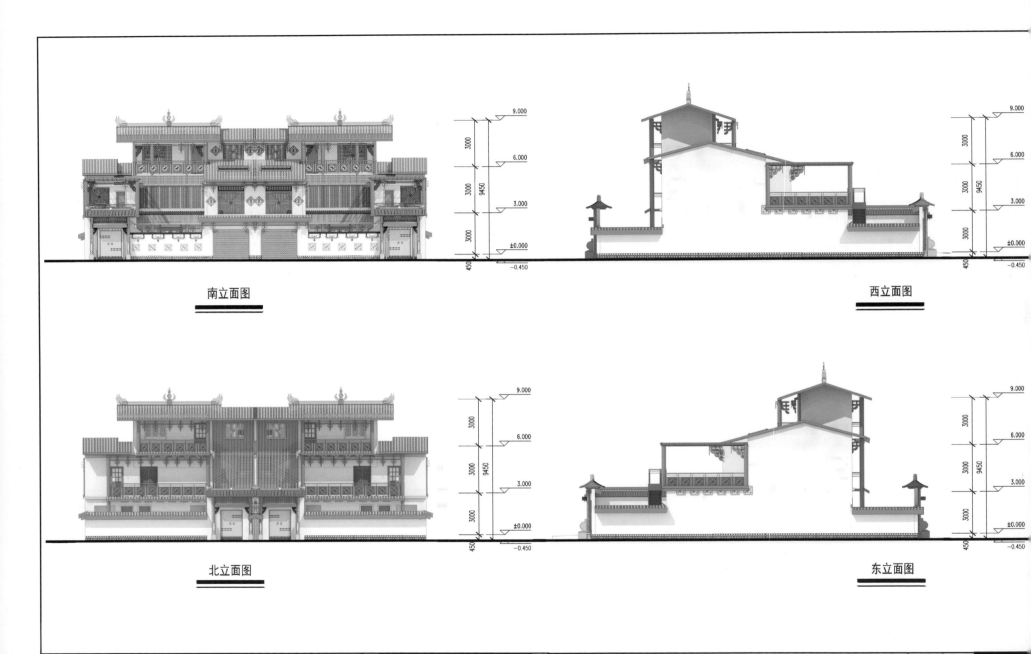

南立面图

西立面图

北立面图

东立面图

彝族绿色农房方案图

图 名	东立面图 西立面图 南立面图 北立面图	方案	29
图片来源	高小妮绘制		

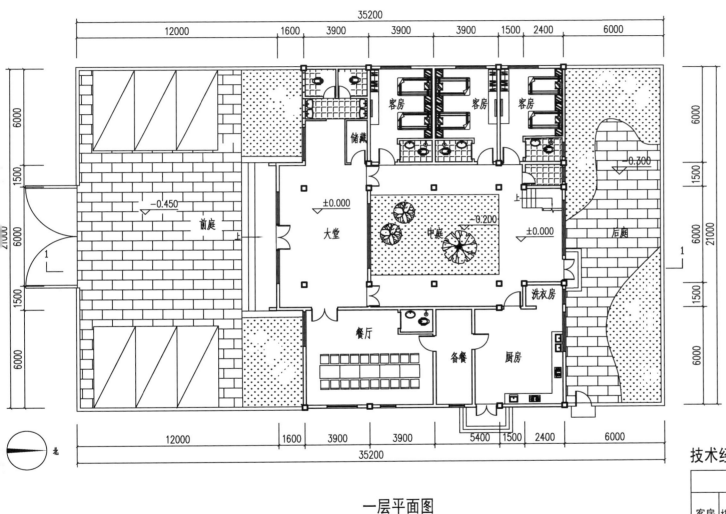

设计说明：

　　本设计适用于凉山彝族河谷开阔地区，开间21m，进深15.6m。客房可同时接纳三十人的旅客团队。前庭停留达6辆轿车（可根据需求自行决定）。中庭作景观空间，可调节微气候并增加空间层次。后院作为景观休闲使用。

一层平面图

技术经济指标表：

各功能空间使用面积(m²)							总建筑面积(m²)	
客房	棋牌室	厨房及备餐间	卫生间洗涤房	楼梯间及走道	大堂及杂物间	餐厅	服务	娱乐住宿
							304.9	462.2
327.2	74.8	49.8	60.2	51.8	60.5	46.8	合计：	767.10

彝族绿色农房方案图

图　名	经济技术指标表　设计说明　一层平面图	方案	30
图片来源	熊锋绘制		

— 139 —

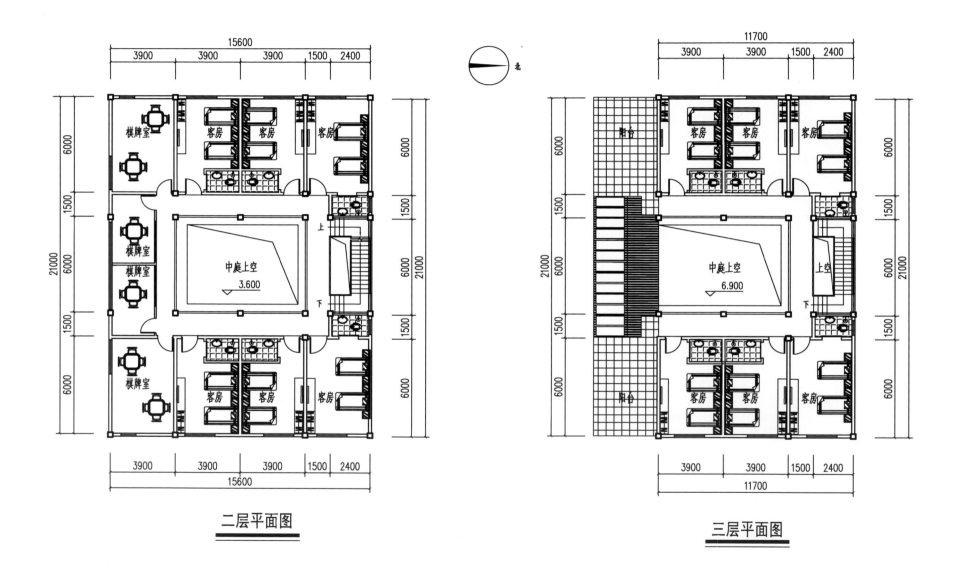

15600
3900 3900 3900 1500 2400

6000
1500
21000
1500
6000

棋牌室 客房 客房 客房

棋牌室
棋牌室

中庭上空
3.600

上
下

棋牌室 客房 客房 客房

3900 3900 3900 1500 2400
15600

二层平面图

北

11700
3900 3900 1500 2400

6000
1500
21000
1500
6000

阳台 客房 客房 客房

中庭上空
6.900

上空
下

阳台 客房 客房 客房

3900 3900 1500 2400
11700

三层平面图

	彝族绿色农房方案图		图 名	二层平面图 三层平面图	方案	30
			图片来源	熊锋绘制		

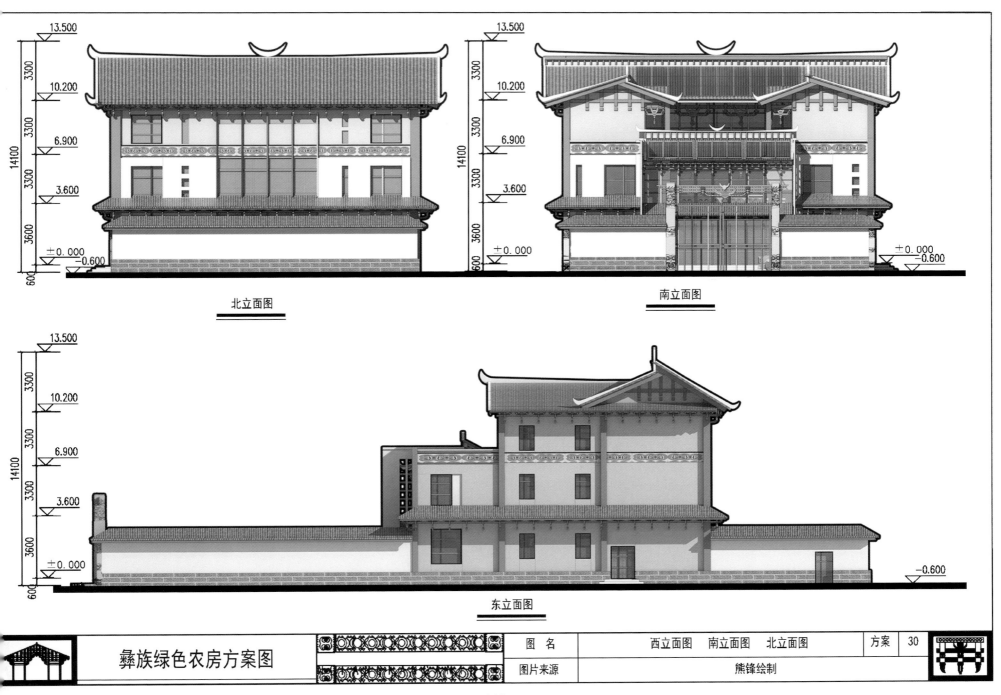

北立面图

南立面图

东立面图

彝族绿色农房方案图

| 图 名 | 西立面图　南立面图　北立面图 | 方案 | 30 |
| 图片来源 | 熊锋绘制 | | |

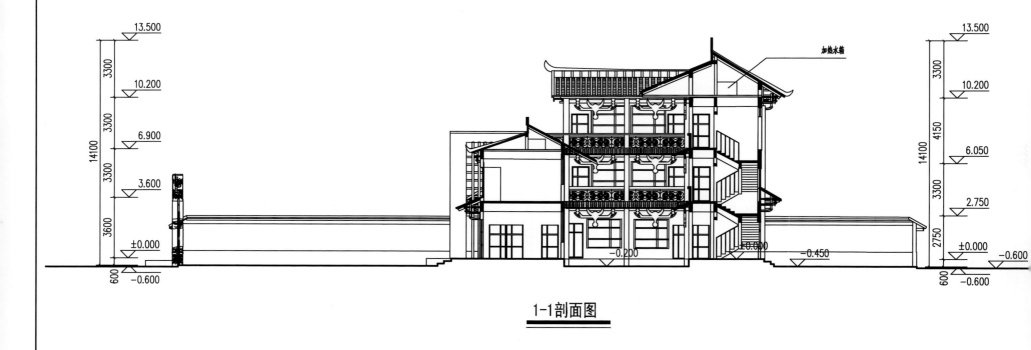

加热水箱

13.500

3300
10.200
3300
6.900
3300
3.600
3600
±0.000
600
−0.600

14100

13.500

3300
10.200
4150
6.050
3300
2.750
2750
±0.000
600
−0.600

14100

−0.200   ±0.000   −0.450   −0.600

1-1剖面图

彝族绿色农房方案图		图 名	1-1剖面图	方案	30
		图片来源	熊锋绘制		

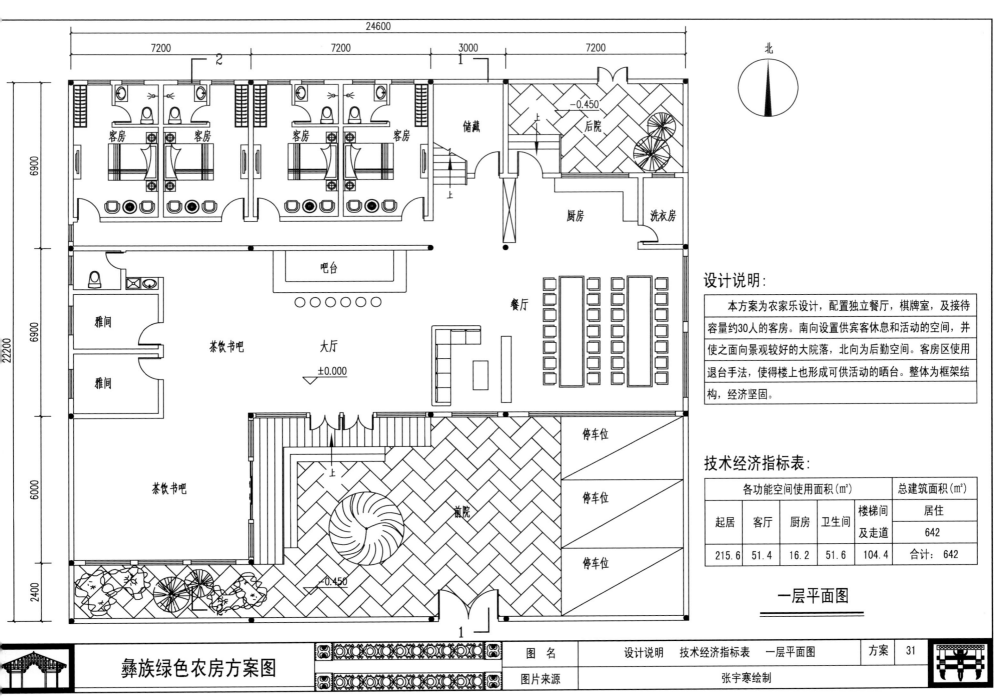

设计说明：

本方案为农家乐设计，配置独立餐厅，棋牌室，及接待容量约30人的客房。南向设置供宾客休息和活动的空间，并使之面向景观较好的大院落，北向为后勤空间。客房区使用退台手法，使得楼上也形成可供活动的晒台。整体为框架结构，经济坚固。

技术经济指标表：

各功能空间使用面积（m²）					总建筑面积（m²）
起居	客厅	厨房	卫生间	楼梯间及走道	居住
					642
215.6	51.4	16.2	51.6	104.4	合计：642

一层平面图

图　名	设计说明　技术经济指标表　一层平面图	方案	31
彝族绿色农房方案图	图片来源	张宇寒绘制	

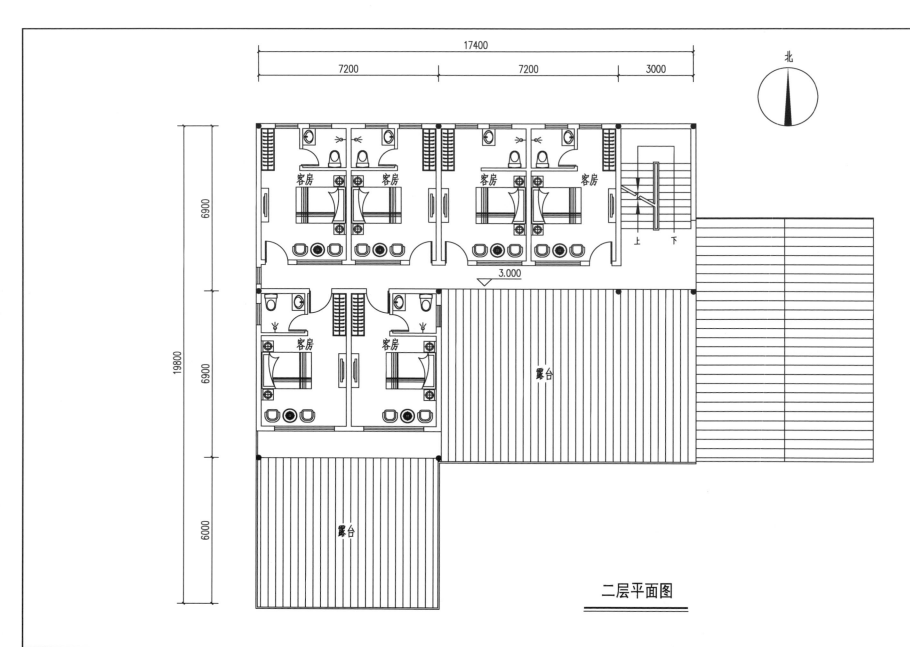

17400

7200　　　　7200　　　3000

北

6900

19800

6900

6000

客房　客房　　客房　客房

3.000

客房　客房

露台

露台

上　下

二层平面图

彝族绿色农房方案图

图　名	二层平面图	方案	31
图片来源	张宇寒绘制		

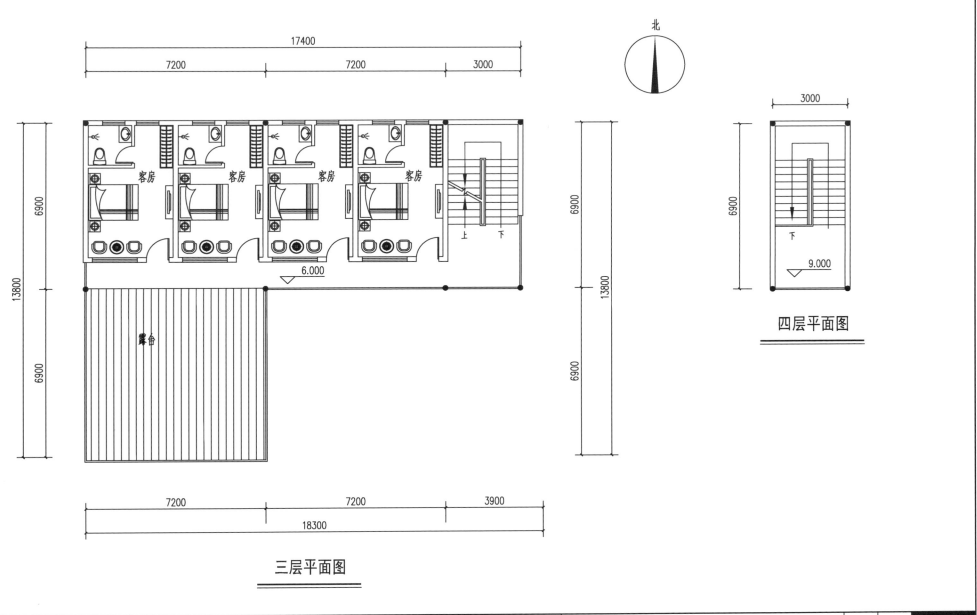

北

17400
7200   7200   3000

6900

13800

6900

客房   客房   客房   客房

上   下

6.000

露台

7200   7200   3900
18300

三层平面图

3000

6900

下

9.000

四层平面图

彝族绿色农房方案图

| 图 名 | 三层平面图 四层平面图 | 方案 | 31 |
| 图片来源 | 张宇寒绘制 | | |

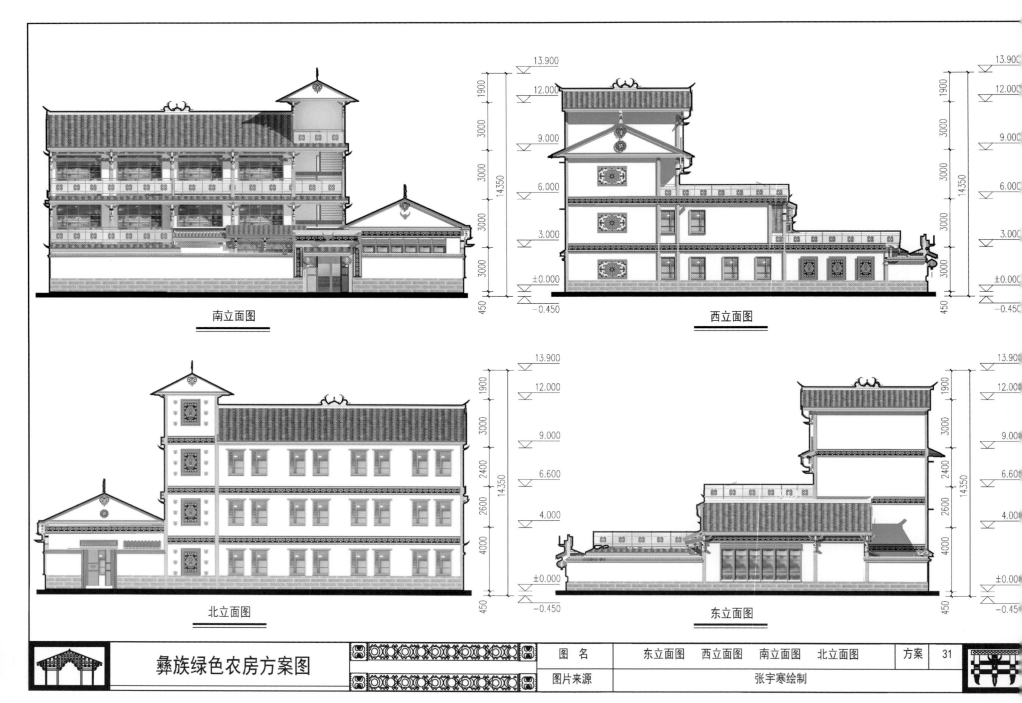

南立面图

13.900
12.000
9.000
6.000
3.000
±0.000
-0.450
1900
3000
3000
3000
14350
450

西立面图

13.900
12.000
9.000
6.000
3.000
±0.000
-0.450
1900
3000
3000
3000
14350
450

北立面图

13.900
12.000
9.000
6.600
4.000
±0.000
-0.450
1900
3000
2400
2600
4000
14350
450

东立面图

13.900
12.000
9.000
6.600
4.000
±0.000
-0.450
1900
3000
2400
2600
4000
14350
450

| 彝族绿色农房方案图 | 图 名 | 东立面图　西立面图　南立面图　北立面图 | 方案 | 31 |
| | 图片来源 | 张宇寒绘制 | | |

— 146 —

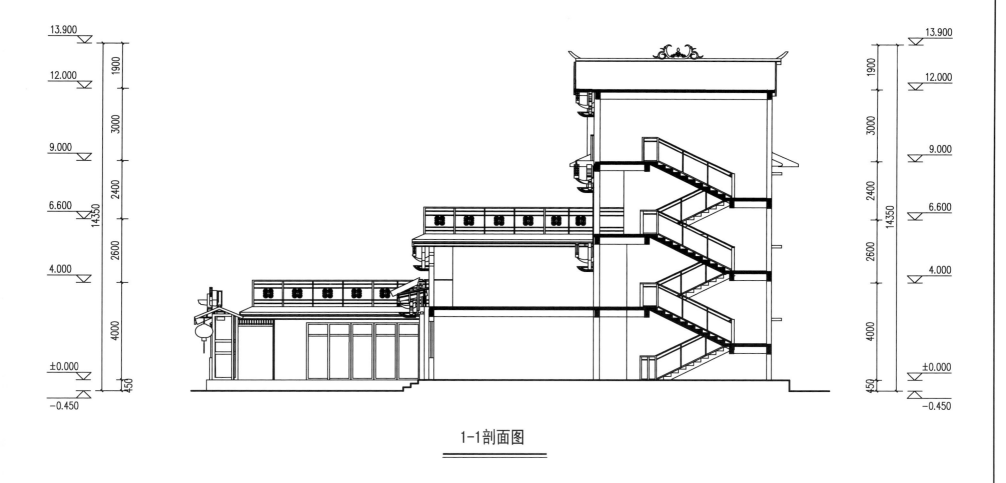

1-1剖面图

彝族绿色农房方案图

图　名	1-1剖面图	方案	31
图片来源	张宇寒绘制		

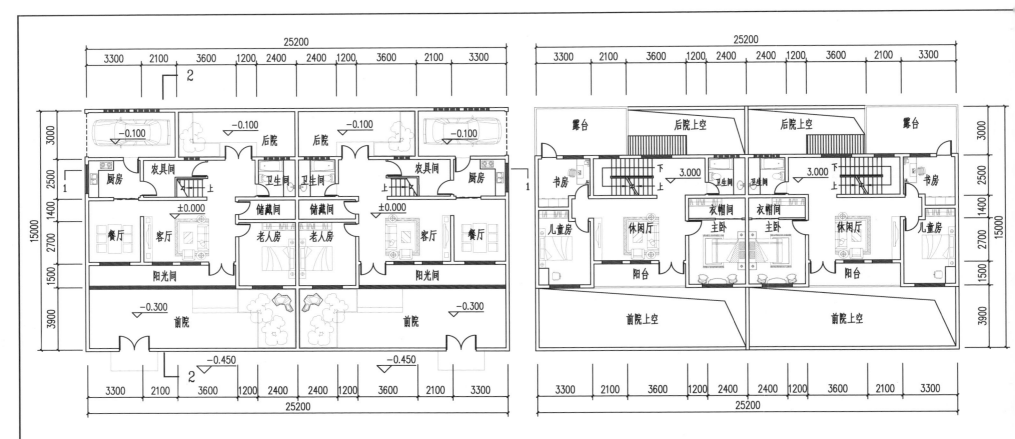

一层平面图

二层平面图

北

技术经济指标表：

各功能空间使用面积（㎡）							总建筑面积（㎡）	
起居	客厅	厨房	卫生间	楼梯间及走道	车库及储藏间	生产用房	生产	居住
							24.93	241.38
67.27	30.8	7.09	15.18	67.71	18.64	24.93	合计：266.31	

设计说明：

本设计适单户面宽10～15m用地，属于聚居型双拼农房类型，前庭后院形式，后院设置车库，车库出入口侧向开启，并结合后勤入口，节省庭院空间。

本设计为居住型农房，主要由庭院与露台提供其晾晒需求，建筑体型系数小，辅助用房布置于四周，以减少能耗。

彝族绿色农房方案图

图 名	设计说明　技术经济指标表　一层平面图　二层平面图	方案	32
图片来源	李思蒂绘制		

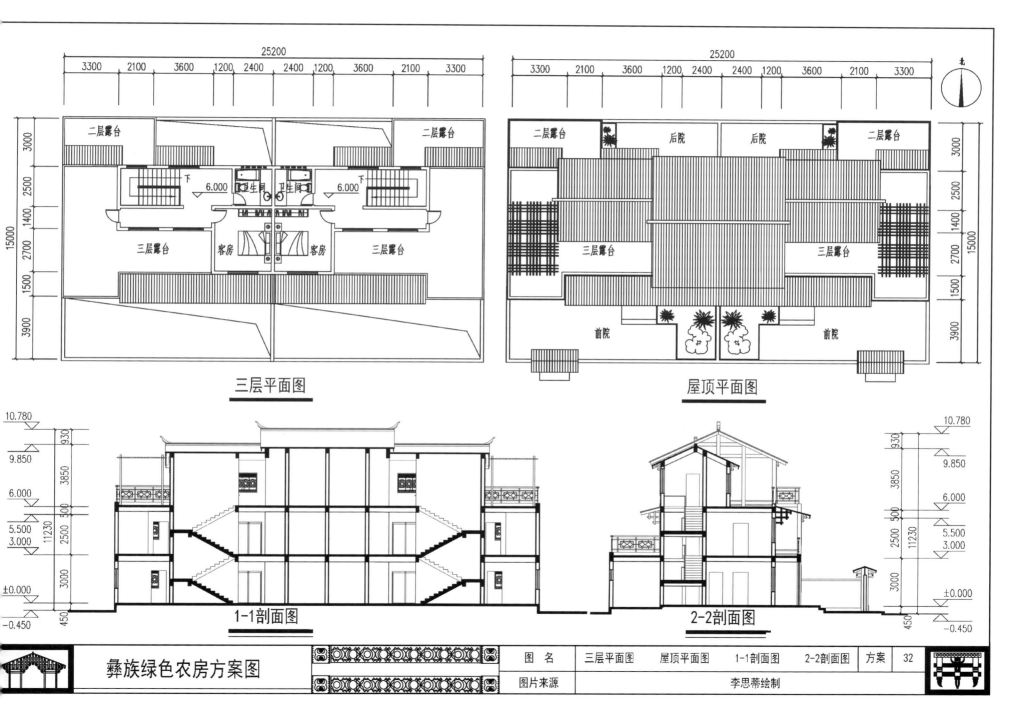

25200
3300 2100 3600 1200 2400 2400 1200 3600 2100 3300

二层露台　　　　　　　　　　　　二层露台

下　6.000　卫生间　卫生间　6.000　下

三层露台　　客房　　客房　　三层露台

15000
3000 2500 1400 2700 1500 3900

三层平面图

25200
3300 2100 3600 1200 2400 2400 1200 3600 2100 3300

二层露台　　　后院　　　后院　　　二层露台

三层露台　　　　　　　　　　　　三层露台

前院　　　　　　　　　　前院

15000
3000 2500 1400 2700 1500 3900

屋顶平面图

10.780
9.850
6.000
5.500
3.000
±0.000
-0.450

930 3850 500 2500 3000 450　11230

1-1剖面图

10.780
9.850
6.000
5.500
3.000
±0.000
-0.450

930 3850 500 2500 3000 450　11230

2-2剖面图

图　名	三层平面图　　屋顶平面图　　1-1剖面图　　2-2剖面图	方案	32
图片来源	李思蒂绘制		

彝族绿色农房方案图

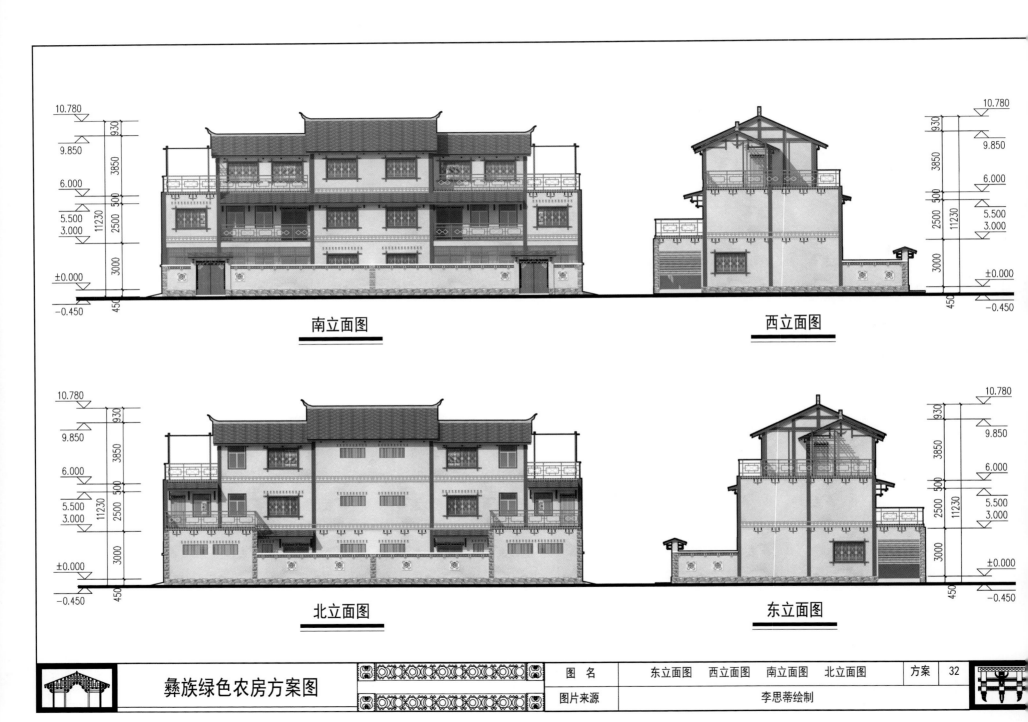

南立面图

西立面图

北立面图

东立面图

| 彝族绿色农房方案图 | 图 名 | 东立面图　西立面图　南立面图　北立面图 | 方案 | 32 |
| 图片来源 | 李思蒂绘制 |

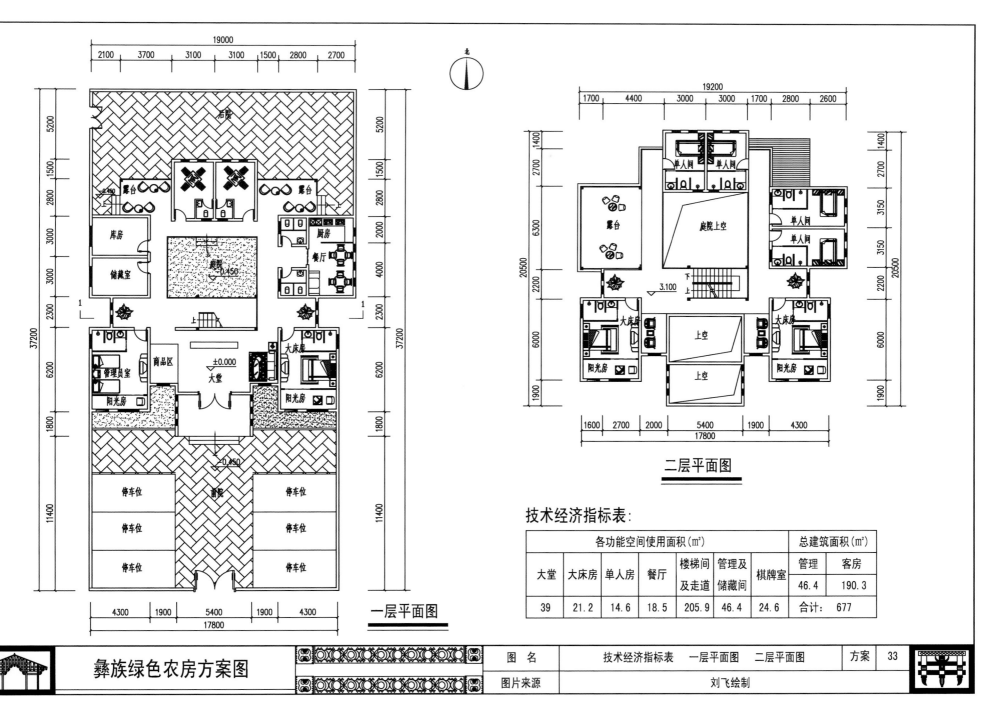

技术经济指标表：

各功能空间使用面积（m²）							总建筑面积（m²）	
大堂	大床房	单人房	餐厅	楼梯间及走道	管理及储藏间	棋牌室	管理	客房
							46.4	190.3
39	21.2	14.6	18.5	205.9	46.4	24.6	合计：	677

二层平面图

一层平面图

彝族绿色农房方案图

图 名	技术经济指标表 一层平面图 二层平面图	方案	33
图片来源	刘飞绘制		

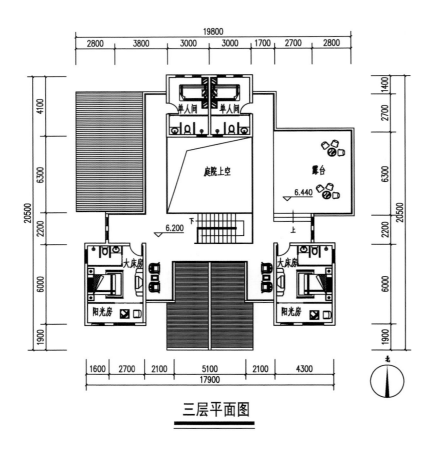

三层平面图

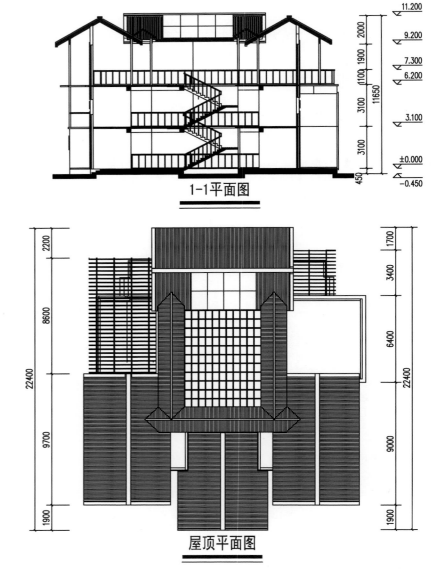

1-1平面图

屋顶平面图

设计说明:

本设计适用进18~21m用地，建筑理念为传统四合院，正面围墙形成院落，南向设置主入口，墙体上下对齐，受力合理，结构形式为砖混结构，建筑服务对象主要为旅游观光者，，通过建筑中庭楼梯组织空间，房间布局紧凑，建筑采光充足，通风良好。

彝族绿色农房方案图

图 名	设计说明　三层平面图　屋顶平面图　1-1剖面图	方案	33
图片来源	刘飞绘制		

西立面图

北立面图

东立面图

南立面图

彝族绿色农房方案图		图 名	东立面图　西立面图　南立面图　北立面图	方案	33	
		图片来源	刘飞绘制			

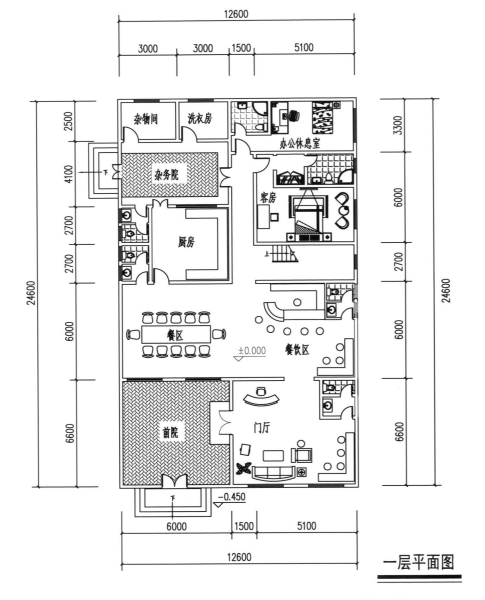

一层平面图

技术经济指标表:

各功能空间使用面积(m²)							总建筑面积(m²)	
起居	客厅	厨房	卫生间	楼梯间及走道	车库及储藏间	生产用房	生产	居住
							180	320
320	45	32.4	56	65	15	89.4	合计:	575.34

设计说明:

　　本设计为独立型名宿户型，总面积575m²，包含九个标准大床房，采用集中式布局，设前院和后院（杂务院），流线分离，建筑紧凑，客房户型明阔，建筑立面使用红，黑，黄三色彝族特色构建进行装饰，使建筑明艳活泼，独具民族风味。

北

彝族绿色农房方案图

图 名	设计说明　技术经济指标表　一层平面图	方案	34
图片来源	陈忠芳绘制		

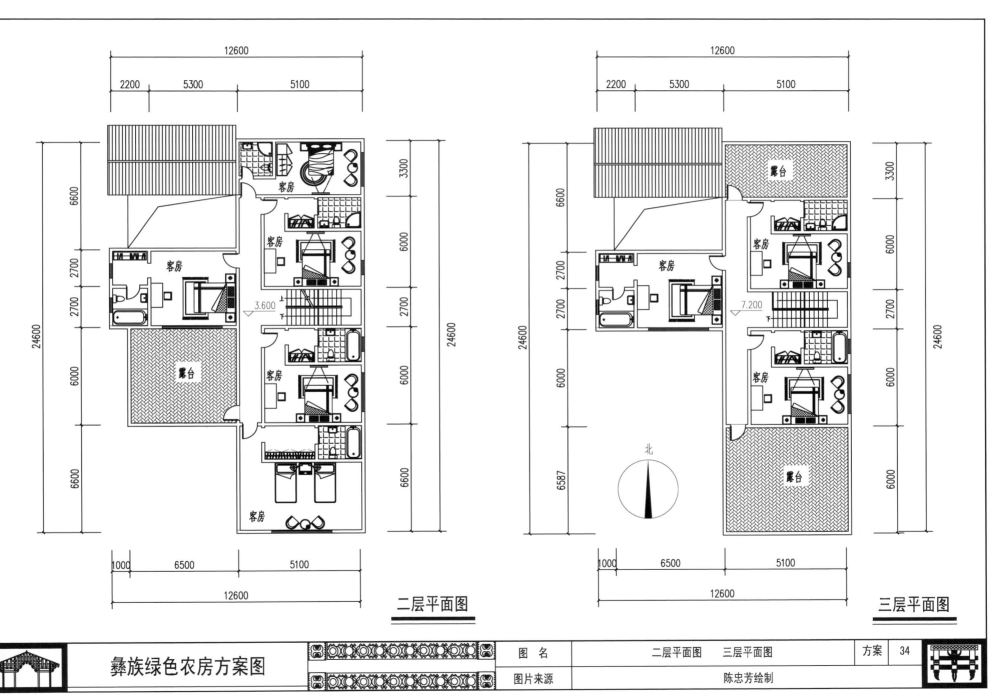

二层平面图

三层平面图

| 图 名 | 二层平面图 三层平面图 | 方案 | 34 |

彝族绿色农房方案图

| 图片来源 | 陈忠芳绘制 |

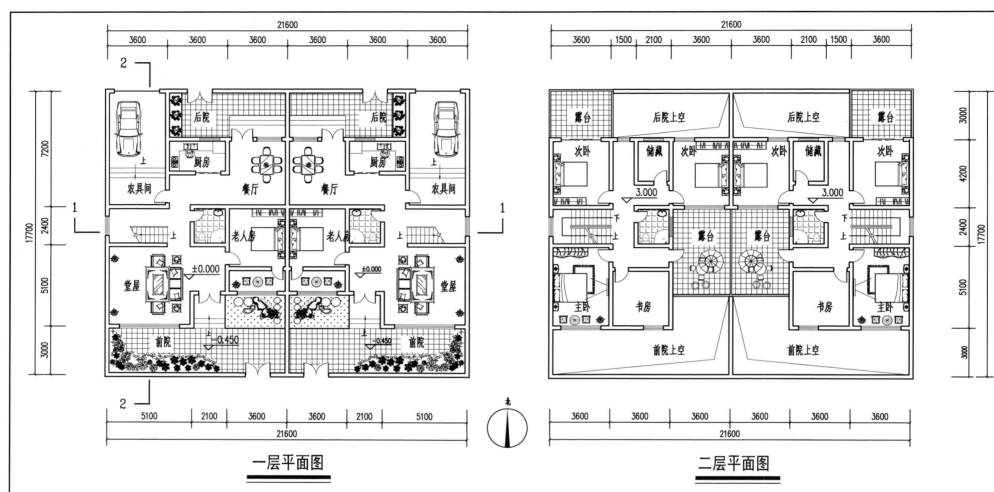

一层平面图

二层平面图

技术经济指标表：

各功能空间使用面积(m²)							总建筑面积(m²)	
起居	客厅	厨房	卫生间	楼梯间及走道	车库及储藏间	生产用房	生产	居住
							32.52	218.25
97.57	23.6	6.25	12.06	65.88	24.86	7.66	合计：	250.77

设计说明：

　　本设计为大进深的前庭后院模式的双拼类型，满足三代居。底层设置老人房以便于老人休憩，顶层的大面积晒台可满足居民晾晒的需求。建筑充分利用南面采光，光线充足，通风良好。建筑立面沿袭当地民居风格，设置了丰富的装饰构件与纹样，展现了整个民族的风俗与历史文化。

彝族绿色农房方案图

图　名	设计说明　技术经济指标表　一层平面图　二层平面图	方案	35
图片来源	陈海英绘制		

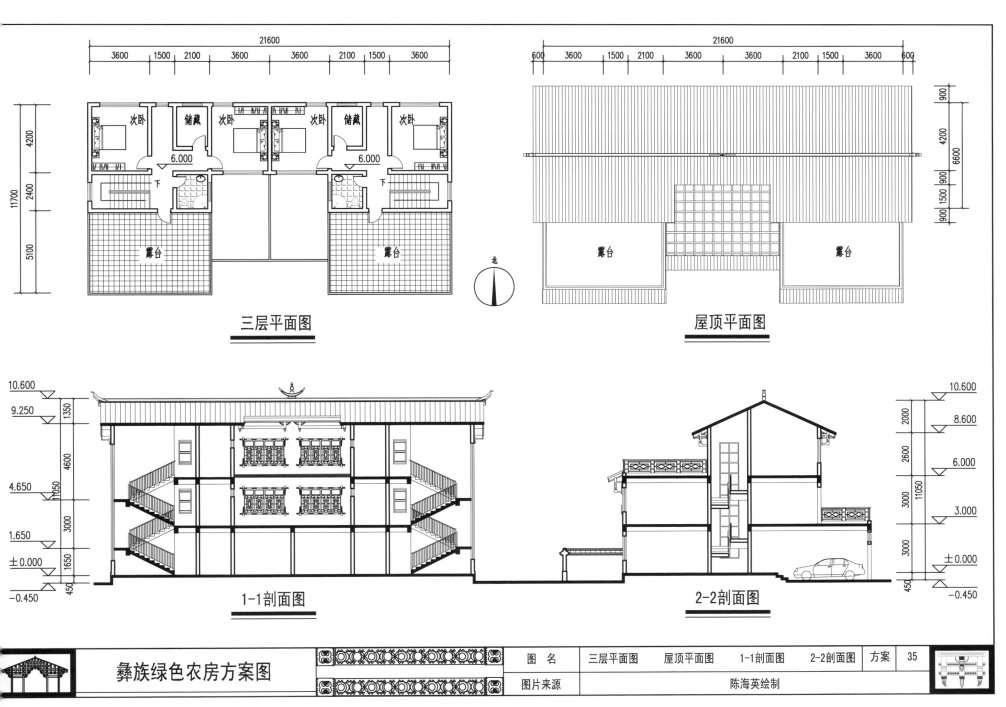

三层平面图

屋顶平面图

1-1剖面图

2-2剖面图

彝族绿色农房方案图

图　名	三层平面图　　屋顶平面图　　1-1剖面图　　2-2剖面图	方案	35
图片来源	陈海英绘制		

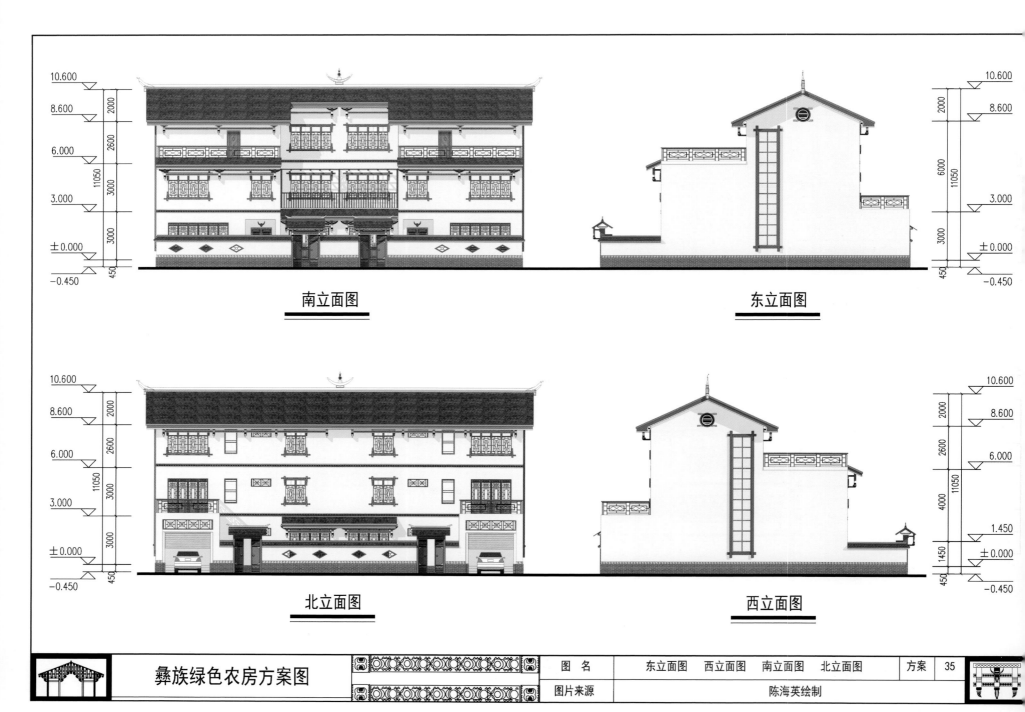

南立面图

东立面图

北立面图

西立面图

| 彝族绿色农房方案图 | 图 名 | 东立面图　西立面图　南立面图　北立面图 | 方案 | 35 |
| | 图片来源 | 陈海英绘制 | | |

设计说明:

该方案为彝族民宿客栈,以传统四合院的形式进行功能布局,主要功能有多种类型客房、独立餐厅及棋牌室等集休闲娱乐和舒适居住于一体的农家乐型客栈。建筑以黑、红、黄三色为主,细节的栏杆、封檐板和装饰纹样等体现出彝族的传统民族特色,简洁的门窗又与现代建筑风格融合。

技术经济指标表:

名称	门厅	大厅	客房	餐厅	厨房	棋牌室
面积(m²)	34.7	75	288	63	35	74
名称	桌游吧	书吧	阳台	储藏间	卫生间	楼梯间及走道
面积(m²)	55	30	66	12	21	60
总建筑面积(m²)			750			

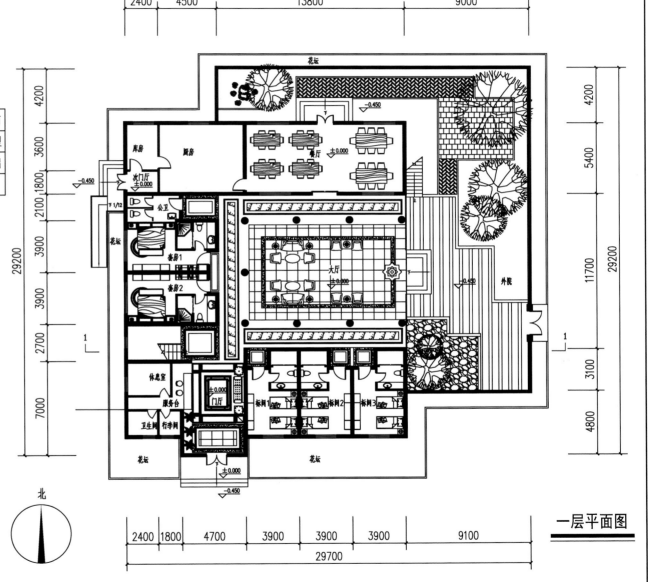

一层平面图

北

彝族绿色农房方案图

图 名	设计说明　技术经济指标表　一层平面图	方案	36
图片来源	张宇晗绘制		

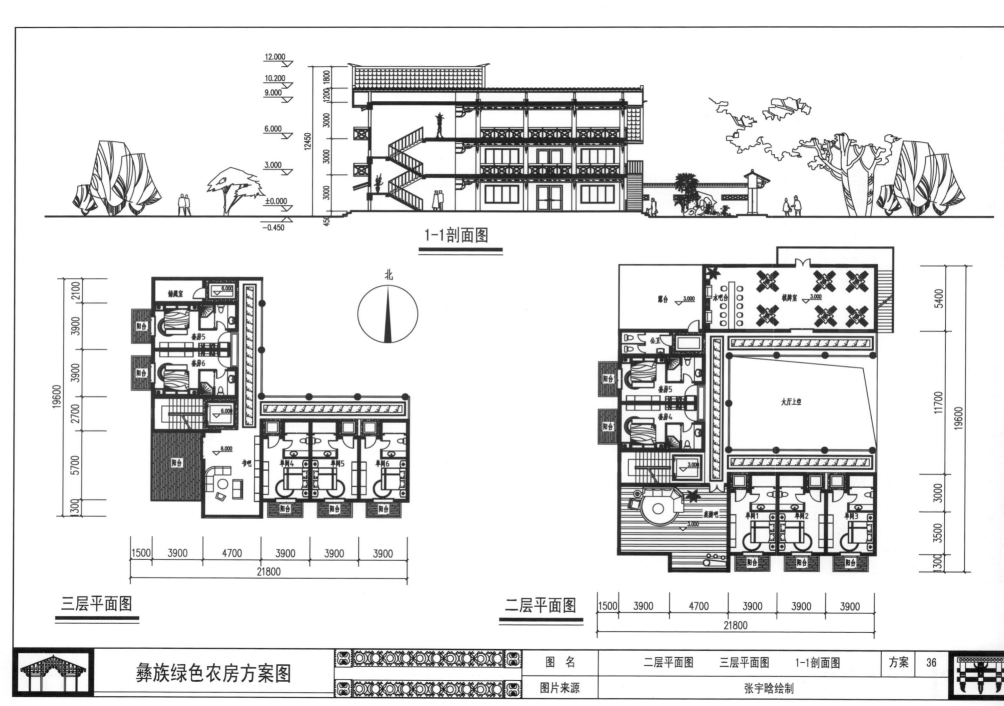

1-1剖面图

北

三层平面图

二层平面图

彝族绿色农房方案图		图　名	二层平面图　　三层平面图　　1-1剖面图	方案	36
		图片来源	张宇晗绘制		

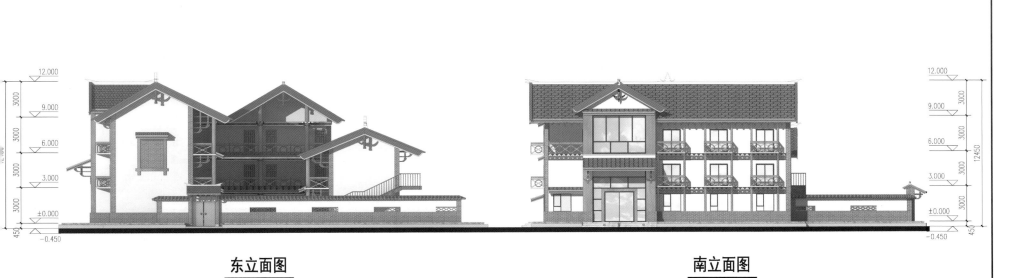

东立面图

南立面图

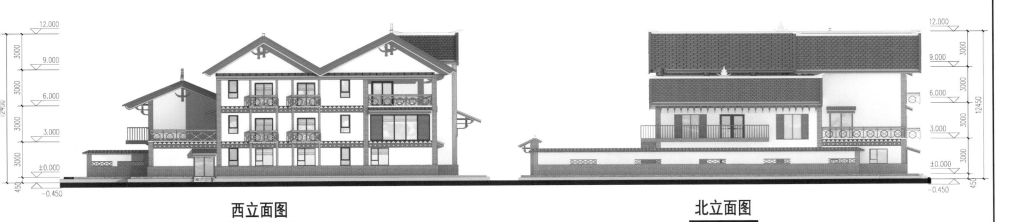

西立面图

北立面图

彝族绿色农房方案图		图 名	东立面图　西立面图　南立面图　北立面图	方案	36
		图片来源	张宇晗绘制		

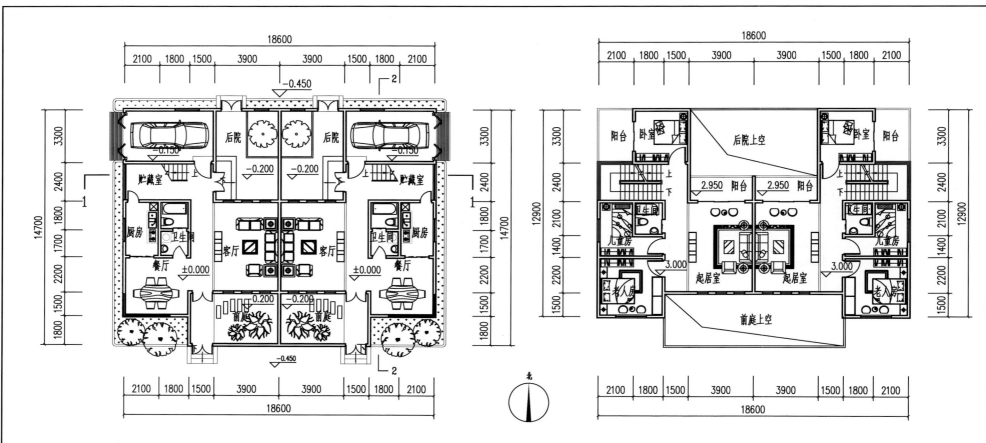

一层平面图

二层平面图

技术经济指标表：

各功能空间使用面积(m²)							总建筑面积(m²)	
起居	客厅	厨房	卫生间	楼梯间及走道	车库及储藏间	生产用房	生产	居住
							30.2	183.0
20.4	20.4	6.3	11.3	55.4	30.2	30.2	合计：	213.2

设计说明：

　　本设计适比较进深10~15m的用地，适宜以手工业为主的农户，前庭后院，坐北朝南，墙体上下对齐，是三层的砖混结构，可以满足一家六口的生活起居。生产空间包括车库和储藏空间，前院和后院分别有一个出入口，室内通过楼梯竖向组织空间，房间布局紧凑合理，前庭后院景观优美。

彝族绿色农房方案图

图　名	设计说明　技术经济指标表　一层平面图　二层平面图	方案	37
图片来源	叶伦源绘制		

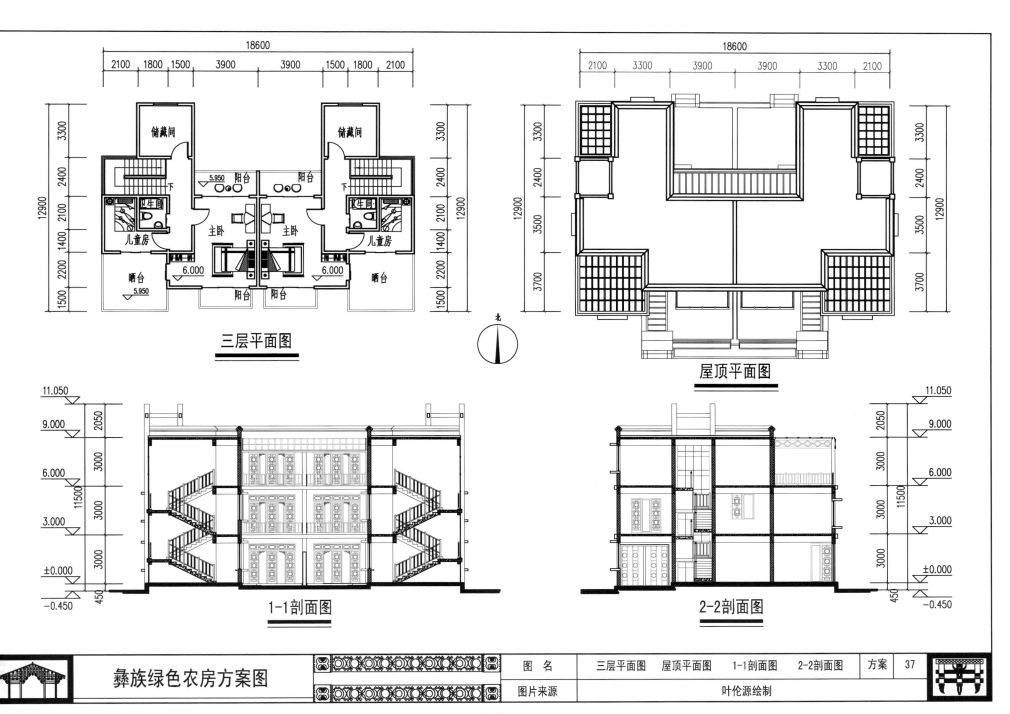

三层平面图

屋顶平面图

1-1剖面图

2-2剖面图

彝族绿色农房方案图

图　名	三层平面图　　屋顶平面图　　1-1剖面图　　2-2剖面图	方案	37
图片来源	叶伦源绘制		

— 163 —

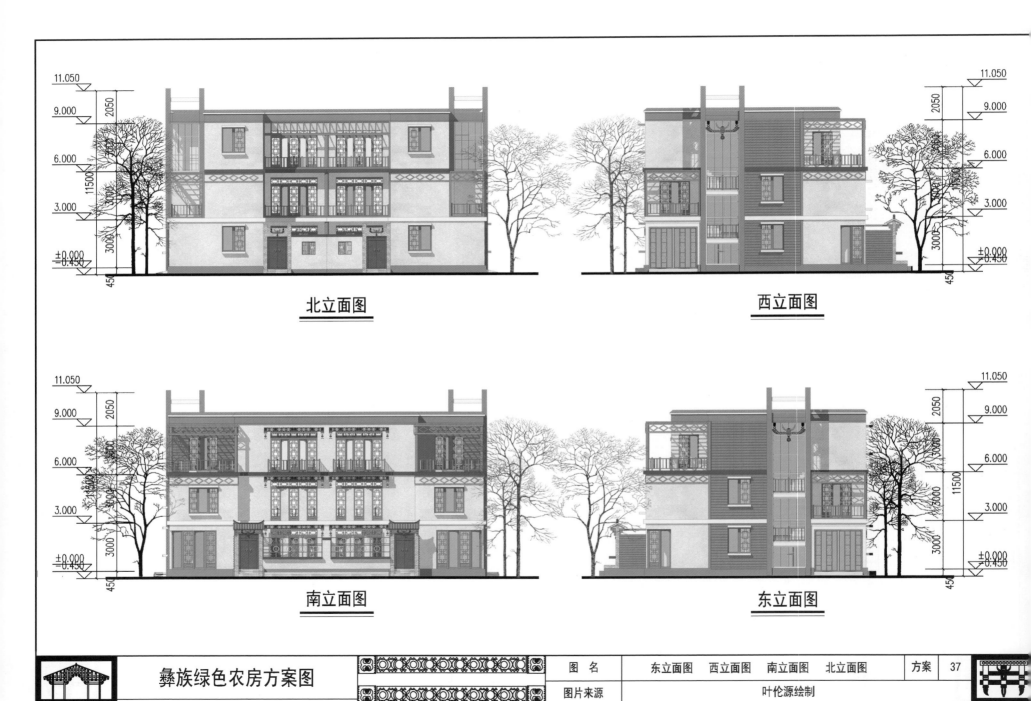

北立面图

西立面图

南立面图

东立面图

彝族绿色农房方案图	图 名	东立面图　西立面图　南立面图　北立面图	方案	37
	图片来源	叶伦源绘制		

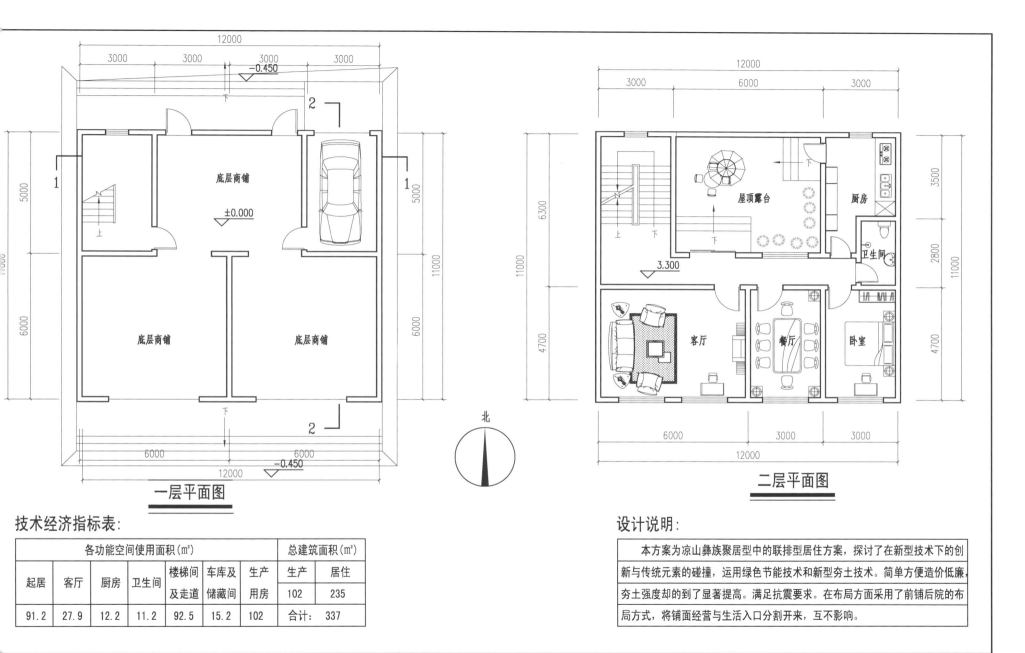

一层平面图

二层平面图

技术经济指标表:

各功能空间使用面积(m²)							总建筑面积(m²)	
起居	客厅	厨房	卫生间	楼梯间及走道	车库及储藏间	生产用房	生产	居住
							102	235
91.2	27.9	12.2	11.2	92.5	15.2	102	合计：337	

设计说明：

本方案为凉山彝族聚居型中的联排型居住方案，探讨了在新型技术下的创新与传统元素的碰撞，运用绿色节能技术和新型夯土技术。简单方便造价低廉，夯土强度却的到了显著提高。满足抗震要求。在布局方面采用了前铺后院的布局方式，将铺面经营与生活入口分割开来，互不影响。

彝族绿色农房方案图

图 名	设计说明　技术经济指标表　一层平面图　二层平面图	方案	38
图片来源	钟星宇绘制		

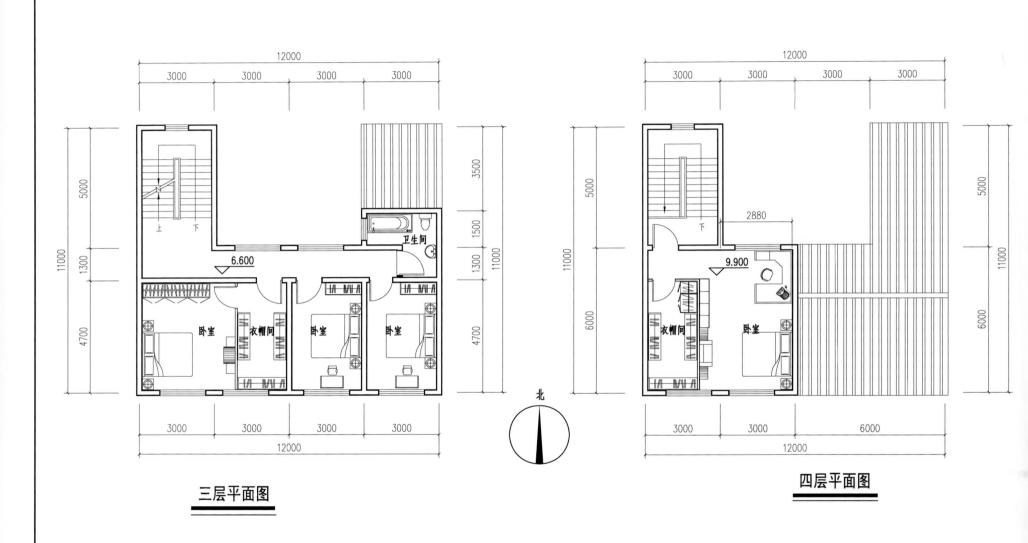

三层平面图

四层平面图

北

 彝族绿色农房方案图

| 图 名 | 三层平面图　四层平面图 | 方案 | 38 |
| 图片来源 | 钟星宇绘制 | | |

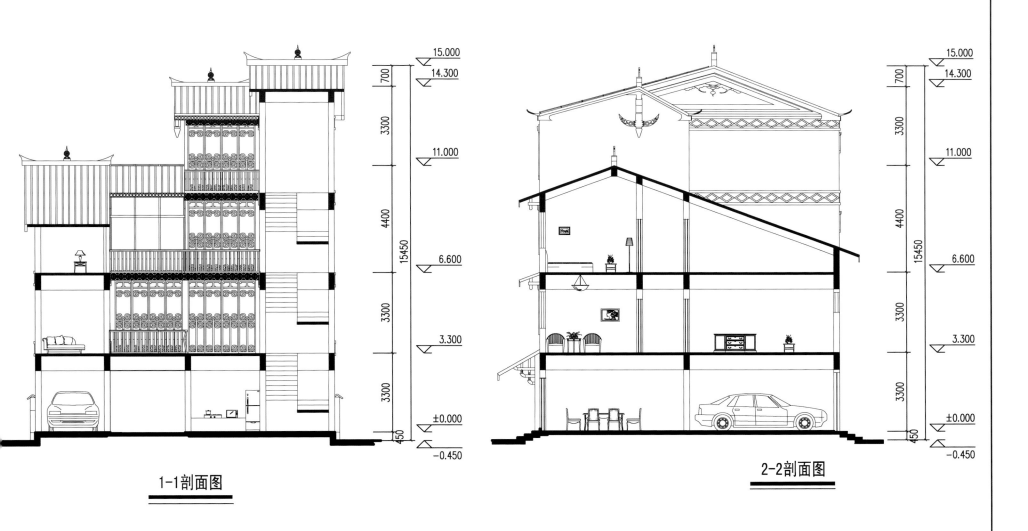

15.000
14.300
700
3300
11.000
4400
15450
6.600
3300
3.300
3300
±0.000
450
−0.450

1-1剖面图

15.000
14.300
700
3300
11.000
4400
15450
6.600
3300
3.300
3300
±0.000
450
−0.450

2-2剖面图

 彝族绿色农房方案图

图 名	1-1剖面图　2-2剖面图	方案	38
图片来源	钟星宇绘制		

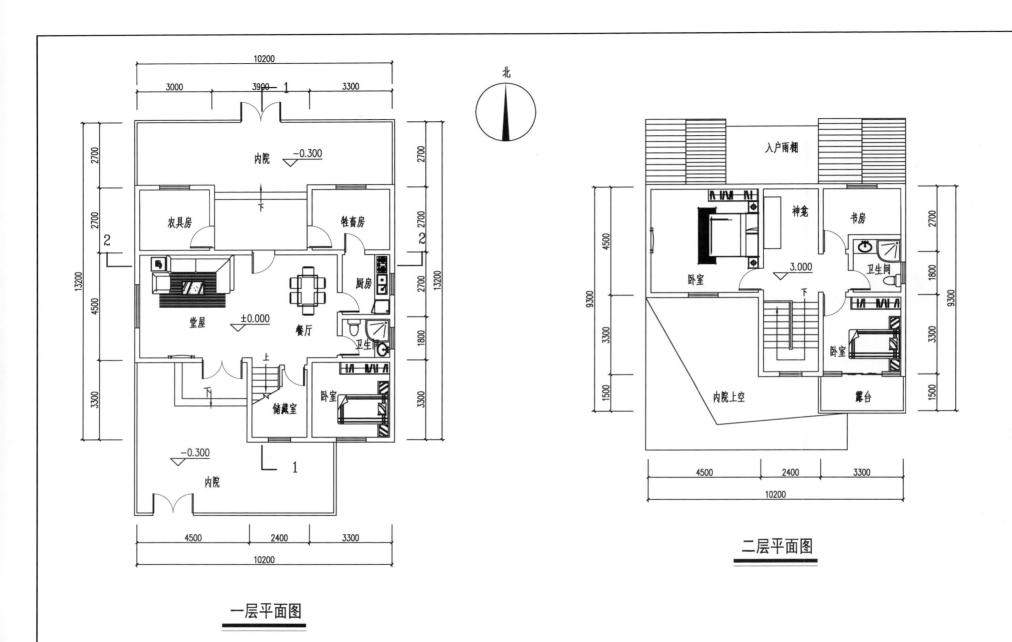

一层平面图

二层平面图

彝族绿色农房方案图

图　名	一层平面图　　二层平面图	方案	39
图片来源	项瑞麟绘制		

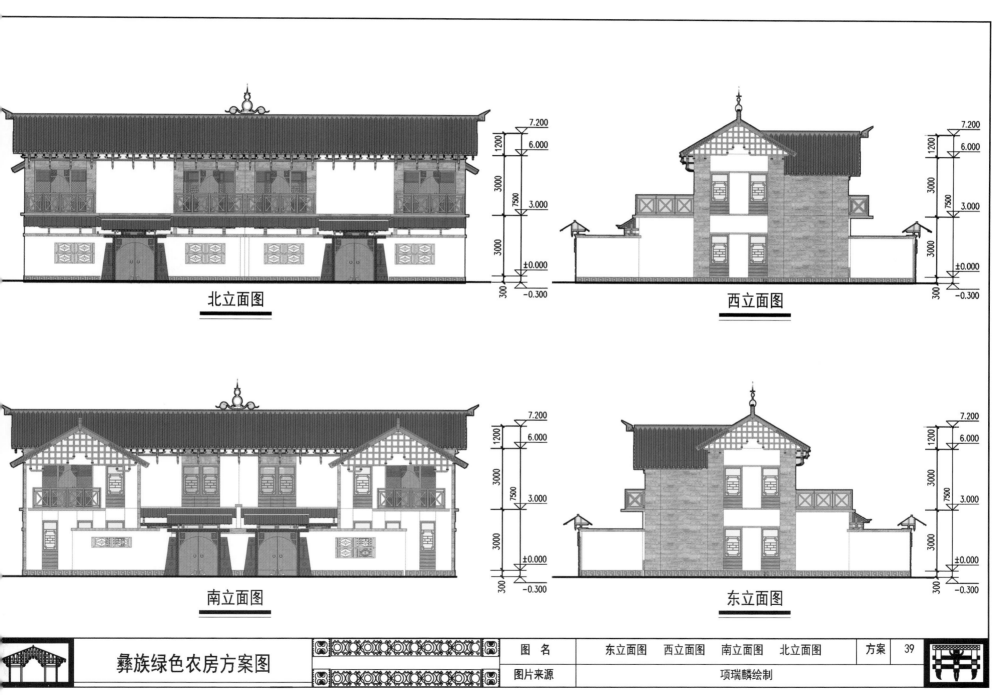

北立面图

西立面图

南立面图

东立面图

彝族绿色农房方案图

图 名	东立面图　　西立面图　　南立面图　　北立面图	方案	39
图片来源	项瑞麟绘制		

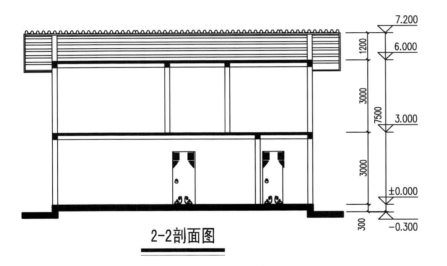

2-2剖面图

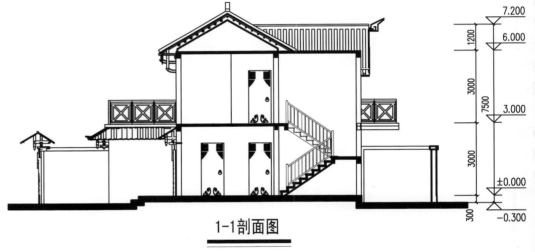

1-1剖面图

技术经济指标表：

各功能空间使用面积（m²）							总建筑面积（m²）	
起居	客厅	厨房	卫生间	楼梯间及走道	车库及储藏间	生产用房	生产	居住
							47.01	152.39
70.31	25.29	4.75	7.22	32.73	33.78	47.01	合计：	160.04

设计说明：

　　本方案为彝族新型青瓦房设计，面积160.04㎡，综合了在斗拱、栏板等处的图腾彩绘使用，达到立竿见影的彝族特色体现效果。充分利用南向采光，并且退台的形式结合内庭院、前后庭院的布置方式，能够带来良好的空间体验感。且有助于建筑采光通风。

彝族绿色农房方案图

图 名	设计说明　技术经济指标表　1-1剖面图　2-2平面图	方案	39
图片来源	项瑞麟绘制		

作者简介

成斌，男，1971 年生，汉族，西安建筑科技大学建筑设计及其理论专业，博士研究生，西南科技大学土木工程与建筑学院，教授，硕士生导师，国家注册工程师。研究方向为地域建筑与生土建筑，小城镇规划与设计。现任绵阳市规划委员会委员，绵阳市规划协会副秘书长，《绵阳城市规划》杂志执行主编。

多年来，从事建筑设计及其理论、城市规划设计与理论的教学与科研工作，发表专业论文 30 余篇，出版专著 2 部，完成省部级项目 2 项、市（校）级项目 12 项。先后主持和参加 50 余项规划与建筑设计项目。

刘冲，男，1991 年生，汉族，西安建筑科技大学建筑设计及其理论专业，硕士研究生，西南科技大学土木工程与建筑学院，助教。研究方向为西部人居环境、乡土民居、村镇保护与更新、村寨景观保护与设计。

先后参与住建部项目"公共安全视野下黄土高原新型窑居聚落建设研究"，中国博士后科研资助项目"宁夏西海固地区乡村聚落空间转型模式及规划策略研究"，陕西省博士后科研项目"新型城镇化导向下陕南乡村聚落空间转型发展模式及规划引导策略研究"等多项研究课题。

荣获硕士研究生国家奖学金 2 次，荣获"2017 届硕士研究生优秀毕业生"荣誉称号，参加"台达杯国际太阳能建筑设计竞赛"荣获"优秀奖"2 次，参与"青海省西宁市湟源县日月藏族乡兔儿干村新型庄廓院"建设，荣获第二批田园建筑优秀实例"二等奖"。

公开发表期刊论文 3 篇；参与编写"十二五"国家重点图书《陕西古建筑》系列丛书 1 部。